优秀技术实训教程

U0148745

VHDL

简明、系统地讲解VHDL设计方法

跳出单纯的语句、语法介绍

适合电子信息工程、通信工程、自动化等专业

数字系统设计

优技丛书

李欣　张海燕　编著

科学出版社
www.sciencep.com

内 容 简 介

这是一本重点介绍硬件描述语言 VHDL 及其数字系统设计、应用的专业图书。

全书包含 5 部分内容，第 1 章从数字集成电路和可编程逻辑器件的基本知识入手，逐步介绍数字系统的设计工具和设计方法，以及与之相关的知识产权核（IP Core）和优化设计等概念；第 2 章至第 4 章将硬件描述语言 VHDL 作为设计手段，介绍基于 VHDL 的数字系统设计方法；第 5 章通过一个具体实例展示了 VHDL 描述的硬件实现过程；第 6 章展示了一些典型数字单元电路的 VHDL 描述实例；第 7 章将一些常用程序包的源代码——特别是包体的源代码介绍给读者，以便了解 VHDL 共享机制的描述技巧。

本书内容浅显，逻辑清晰，知识与实例紧密结合，适合电子信息工程、通信工程、计算机、自动化等专业师生，也可作为授课教材或者主要参考书。

图书在版编目（CIP）数据

VHDL 数字系统设计 / 李欣，张海燕 编著. —北京：科学出版社，2009
（优技丛书）

ISBN 978-7-03-025497-9

Ⅰ. V… Ⅱ. ①李…②张… Ⅲ. 硬件描述语言，VHDL—程序设计 Ⅳ. TP312

中国版本图书馆 CIP 数据核字（2009）第 157941 号

责任编辑：但明天 ／责任校对：马 君
责任印刷：媛 明 ／封面设计：盛春雨

科 学 出 版 社 出版

北京东黄城根北街 16 号
邮政编码：100717
http://www.sciencep.com

北京媛明印刷厂印刷

科学出版社发行　各地新华书店经销

*

2009 年 9 月第 1 版　　开本：787mm×1092mm 1/16
2009 年 9 月第 1 次印刷　　印张：15.75
印数：1—3 000　　字数：362 千字

定价：26.00 元

前　　言

数字系统设计是电子信息类专业本科生的主要专业课程之一。随着专用集成电路（ASIC）技术的发展，以通用集成电路为主的传统设计方法，已经不能适应目前的数字系统设计要求。我们于 1998 年在电子信息类专业的本科生教学中开设了基于硬件描述语言 VHDL 的数字系统设计课程，积累了一些教学经验。

本书是在总结数字系统设计课程教学经验的基础上，参考有关文献资料和其他教材编写而成的。主要针对教学课时有限的情况下，使学生能够较快地掌握利用电子设计自动化（EDA）工具设计数字系统的方法，同时学习与数字集成电路和可编程逻辑器件（PLD）有关的基本知识。

第 1 章从介绍数字集成电路和可编程逻辑器件的基本知识入手，逐步介绍数字系统的设计工具和设计方法，以及与之相关的知识产权核（IP Core）和优化设计等概念，使读者对数字系统设计有一个较全面的初步了解。第 2 章至第 4 章，将硬件描述语言 VHDL 作为设计手段，向学生介绍基于 VHDL 的数字系统设计方法，并尽力体现描述、划分、综合和验证等工作在数字系统设计中的运用，同时强调了基于寄存器的设计和可综合的寄存器传输级（RTL）编码原则。第 5 章通过一个三相六拍顺序脉冲发生器的设计实例，从 Quartus II 集成开发环境的安装和授权文件设置开始，将一个 VHDL 描述的硬件实现过程展示给读者。第 6 章展示了一些典型数字单元电路的 VHDL 描述实例。在实践教学中，可以将这些实例改动后作为实验项目开设实验课，使读者将理论学习与实践动手有机结合，巩固所学知识。第 7 章将 VHDL 标准设计库中的标准程序包（STANDARD）、文本输入/输出程序包（TEXTIO），和 IEEE VHDL 设计库中的 Std_Logic_1164、Std_Logic_Arith、Std_Logic_Unsigned、Std_Logic_Signed 等常用程序包的源代码，特别是一些包体的源代码介绍给学生，让学生学习和了解 VHDL 共享机制的描述技巧。

建议本课程的授课时数为 50~60 学时，其中包括 16~20 学时的实验课时，即理论学时与实践学时之比约为 2:1。

本书主要由李欣、张海燕编写，在本书第 7 章的编写过程中，得到了姚利华同学的热心帮助，在此表示衷心感谢！另外参与编写的还有管殿柱、宋一兵、李文秋、田东、宋绮、赵景波、赵景伟、张洪信、王献红、付本国、谈世哲、张轩、刘平、张宪海、林晶、林琳、柴永生、宿晓宁、齐薇、马震、李仲等。

限于作者的经验和水平，不足之处在所难免，恳请读者批评指正。电子邮箱：eleceng@ouc.edu.cn。

零点工作室交流平台：www.zerobook.net

作　者

目　录

第1章 概 论

本章主要介绍数字集成电路、可编程逻辑器件、电子设计自动化技术、数字系统的设计流程、知识产权核、优化设计等基本概念，使读者对诸如双极型工艺与 MOS 工艺，通用集成电路与专用集成电路，全定制制造方法与半定制制造方法，CPLD 与 FPGA，CAD、CAE 与 EDA，自顶向下和自底向上的设计方法，描述、划分、综合与验证等设计工作，软件 IP、固件 IP 与硬件 IP，优化资源利用率、优化工作速度与优化布局布线等名词有一个初步的认识。

学习重点	数字集成电路	数字系统设计流程
	可编程逻辑器件	知识产权核
	电子设计自动化	优化设计

当今世界，电子技术飞速发展，新器件和新产品不断涌现，人类已进入到数字化时代。从家用电器到电子计算机，从通信设备到医疗仪器，数字技术已经渗透到人们生活的诸多领域。例如，数码相机、数码摄像机、DVD 播放机、数字电视机顶盒、3G 手机、程控交换机、B 超、计算机 X 射线断层扫描（CT）、核磁共振成像（MRI）等仪器及产品已经和人们的生活息息相关。

在电子技术领域，通常将使用数字技术传输和处理信息的电子系统称为数字系统，数字系统的主要硬件构成是数字集成电路。图 1-1 为一款 CDMA-1X 手机的印刷电路板（PCB）视图，可以看出，PCB 上焊接有大大小小的黑色模块，这就是集成电路（Integrated Circuit，IC）芯片。

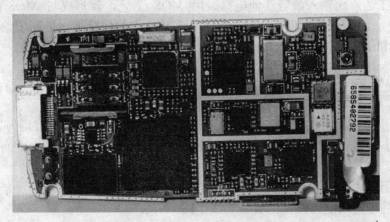

图 1-1 一款 CDMA-1X 手机的 PCB 视图

1.1 数字集成电路分类

数字集成电路是数字系统的主要硬件构成，它有多种分类方式。下面只列举了按照不同的生产工艺、生产目的和制造方法的分类情况。

1.1.1 按生产工艺分类

- 双极型（Bipolar）集成电路　常见的有晶体管——晶体管逻辑（Transistor Transistor Logic，TTL）、发射极耦合逻辑（Emitter Coupled Logic，ECL）和集成注入逻辑（Integrated Injection Logic，I^2L）等几种工艺。
- 金属氧化物半导体（Metal Oxide Semiconductor，MOS）集成电路。常见的有 p 沟道 MOS（pMOS）、n 沟道 MOS（nMOS）和互补型 MOS（CMOS）3 种工艺。
- 双极与 MOS 混合（BiMOS）集成电路。同时含有双极型晶体管和 MOS 场效应管，结合双极型晶体管的高跨导、强驱动能力、高频低噪声和 MOS 场效应管的高集成度、低功耗、抗干扰能力强等优点，制造出高速、高集成度和高性能的器件。

与 MOS 工艺相比，双极型工艺流程复杂，其功耗大、集成度低、生产成本高，但工作速度较快。

在双极型工艺中，ECL 工艺最为复杂，功耗大、集成度低、生产成本高，但工作速度最快。I^2L 工艺电路结构简单、集成度高、功耗低，但是输出电压幅度小，抗干扰能力较差，而且工作速度较低。目前 I^2L 工艺主要用于制作大规模集成电路的内部逻辑电路。TTL 工艺则介于二者之间，是目前应用较多的双极型工艺。

在 MOS 工艺中，CMOS 工艺结合了 pMOS 和 nMOS 两种工艺，所以称之为互补型 MOS（Complementary MOS）。CMOS 工艺与 pMOS 和 nMOS 工艺相比，具有功耗小、速度快、抗干扰能力强和工作电压范围宽等优点，虽然 CMOS 工艺比 pMOS 和 nMOS 工艺复杂，但仍比双极型工艺简单，因此 CMOS 集成电路是目前应用最为广泛的集成电路。

如果利用双极型工艺驱动能力强（当然功耗也大）的特点，在集成电路中输出级采用双极型工艺，而输入级等其他电路采用 MOS 工艺，就形成与 MOS 工艺混合的 BiMOS 工艺。从而在基本保持 MOS 工艺大多数优点的情况下，提高了数字集成电路的驱动能力和工作速度。

1.1.2 按生产目的分类

- 通用集成电路（Universal Integrated Circuit，UIC）　以供应市场为目的。例如，中小规模（SSI/MSI）标准逻辑电路（74 系列、4000 系列）、微处理器、存储器、外围电路芯片等。
- 专用集成电路（Application Specific Integrated Circuit，ASIC）　专门为某种或几种特定功能而设计的数字集成电路。

在通用集成电路中，各种逻辑门、触发器、编码/译码器、多路转换器、寄存器、计数器和小容量存储器等逻辑器件，被制作成 SSI/MSI 的标准产品，其生产批量大、成本低、器件工作速度快，是数字系统在传统设计中最为常用的逻辑器件。但由于这类器件的集成度低，由它们构成的数字系统所用的芯片数量多，系统的硬件规模大，印刷电路板面积大、走线复杂、焊点多，从而导致系统的可靠性降低、功耗增大。另外，这类器件的功能确定，用户无法修改，系统的保密性低，而且印刷电路板制成后，修改设计也很困难。

后来出现的大规模/超大规模（LSI/VLSI）通用集成电路，例如微处理器、单片机、存储器和可编程外围电路芯片等，具有集成度高、功耗较小的优点，而且很多器件的逻辑功能可以由软件进行配置，因此在很大程度上减小了数字系统的硬件规模，系统的可靠性和灵活性也大大提高了。但这类器件的工作速度不高，而且仍需要若干 SSI/MSI 标准集成电路与之配合才能构成完整的系统。

专用集成电路（ASIC）是专门为某种或几种特定功能而设计制造的，其集成度高、功耗小、工作速度快，一片 ASIC 能够代替一块包含若干片通用集成电路的印刷电路板，甚至一个完整的数字系统。所以，ASIC 可以大大降低设备价格，缩短研制周期，简化数字系统的生产过程，降低功耗，减少体积，减轻重量，提高设备的可靠性，同时也使得设备难以被仿制。目前，在数字系统中，已大量采用 ASIC 来简化系统设计，提高数字系统的可靠性和降低成本。

1.1.3　按制造方法分类

- 全定制方式（Full-Custom Design Approach）　芯片的各层掩膜都是按特定电路功能专门设计制造的，设计者综合考虑了芯片版图的布局布线等技术细节，使芯片的性能、面积、功耗和成本等指标达到最佳，从而使得设计周期变长，设计成本提高，而且风险大。因此全定制方式只适用于设计成熟、生产批量非常大的场合。全定制方式既适用于通用集成电路的制造，也适用于专用集成电路（ASIC）的制造。

- 半定制方式（Semi-Custom Design Approach）　设计者在集成电路制造厂商提供的半成品（例如通用母片、可编程逻辑器件等）的基础之上增加互连线掩膜或者设定逻辑功能，从而缩短设计周期、降低设计成本。半定制方式适用于生产批量不大的场合。

  按照不同的逻辑实现方法，半定制方式主要有门阵列法、门海法、标准单元法和可编程逻辑器件法四类。

- 门阵列（Gate Array）法　用大量规则排列的预制门阵列形成电路中的基本门电路，例如与非门、或非门、反相器、传输门或其他电路单元等。在门阵列之间留有布线通道，从而构成门阵列母片。设计者在门阵列母片上按不同的电路功能追加金属连线的掩膜，最终完成芯片的电路设计。由于事先留下的每一布线通道的布线容量有限，如果连线过多则布通率就会下降。虽然可以通过增加金属连线层来提高布通率，但这会降低芯片面积的利用率。

- 门海（Sea of Gate）法　又称为无通道门阵列法，与有通道门阵列法的区别是，在母片中没有设置布线通道，如果位于门电路之间的金属连线通过某个门单元的话，那么该门单元就作废了。因此门海法是以牺牲门阵列中的门电路单元来换取布通率的。如果连线太多，也可以采用增加布线层（单独设计金属连线层的掩模）的办法来提高布通率。

门阵列法和门海法通常用于 ASIC 的制造，与全定制方式相比，其设计和生产周期短、成本低、风险小，比较适用于生产批量不太大的场合。但是其芯片面积利用率低、布通率低、灵活性差，目前已经较少使用。

● 标准单元（Standard Cell）法　也称为多元胞（Polycell）法，它是将各种电路元件或电路模块，在物理版图级按照最佳设计原则构造成等高不等宽的"标准单元"。布局时将标准单元按行排列，在拼接过程中，同一行的标准单元的电源和地线自动连接在一起。行与行之间留有布线通道，其版图布局示意图如图 1-2 所示。同行或者相邻行的单元相连，可以通过上下两个布线通道完成。隔行单元之间的垂直方向互连则借用标准单元中预留的"走线道"来完成，也可以在两个标准单元之间设置"走线道单元"或者"空单元"来完成连线。标准单元法的优点是灵活性好、设计效率高、布通率高（可以达到100%），可以使设计者更多地关注电路的性能和优化等问题。但是其设计周期和制造成本要高于门阵列法和门海法。

● 可编程逻辑器件（Programmable Logic Device，PLD）法　芯片的各层均已由厂家制造完毕，但其逻辑功能却并未确定，设计者可以使用 EDA 工具按照自己的设计来对芯片进行设定（俗称编程），以实现特定的逻辑功能。这种方式对生产厂家而言是制造通用集成电路，可以批量生产以降低成本；而对数字系统设计者而言，可以按照不同的设计来对芯片进行不同的编程而使其成为专用集成电路。PLD 具有集成度高、工作速度快、设计周期短、成本低和保密性强等优点，而且大多数 PLD 还可以重复编程。因此 PLD 的出现改变了数字系统的传统设计方法，成为实现新型数字系统的理想器件。但是 PLD 的制造成本依然远高于全定制方式，所以在电路设计成熟、生产批量很大的情况下，通常还是采用全定制方式。PLD 更适用于产量小的试制产品，特别适用于设计开发阶段和研制样机的场合。

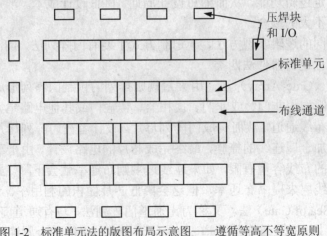

图 1-2　标准单元法的版图布局示意图——遵循等高不等宽原则

1.2 可编程逻辑器件简介

数字系统的设计方式通常采用"积木式"方法进行设计。

传统方法是选择各种固定功能的通用集成电路作为"积木",然后按照所设计的系统功能搭建成数字电路。这种方法所需要的芯片种类多而且数量大,设计者选择器件的局限性也很大,无设计的灵活性可言。

ASIC 的出现使构成数字系统的"积木"大为简化。在多数情况下,构成数字系统仅需要三类"积木",即 CPU+MEMORY+ASIC 的模式。甚至在个别情况下,一个数字系统的电路可以仅由一片 ASIC 构成。使用全定制 ASIC 和除 PLD 之外的半定制 ASIC 制造方式,一旦制造完毕则无法修改,因此这些制造方式在数字系统的设计研制和现场升级等方面不如 PLD 灵活。随着 VLSI 的发展,PLD 的集成度和工作频率不断提高,成本却在逐渐下降,所以 PLD 将被广泛应用于各种数字系统中。

1.2.1 PLD 的分类

PLD 有多种分类方法,下面介绍几种常见的分类方法。

1. 按照不同的结构划分

- PLD 乘积项结构器件,其基本结构为与或阵列。PLD 的基本组成如图 1-3 所示。
- FPGA 有查找表结构、多路开关结构和多级与非门结构 3 种类型的器件。

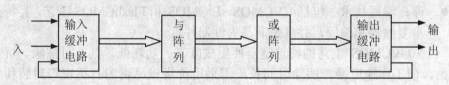

图 1-3 PLD 基本组成原理结构图

(1)查找表结构器件是由简单查找表组成的可编程门阵列,其查找表单元如图 1-4 所示。Xilinx 公司的 XC 系列 FPGA 和 Altera 公司的 FLEX8000 系列 FPGA 等都采用了查找表结构。

(2)多路开关结构为可编程的多路开关,其多路开关逻辑块如图 1-5 所示。

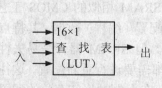

图 1-4 查找表单元原理结构图

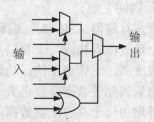

图 1-5 多路开关逻辑块原理结构图

（3）多级与非门结构是基于一个与-或-异或逻辑块，如图 1-6 所示。在逻辑块的基础上增加了触发器和多路开关来扩展输出功能。这种结构与 EPLD 非常类似，因此也有人将其归类于 PLD，而不是 FPGA。Altera 公司的许多 FPGA 产品就采用了多级与非门结构。

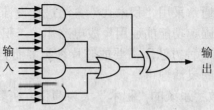

图 1-6 与-或-异或逻辑块原理结构图

由于可编程逻辑器件是从乘积项结构器件起步，逐步发展丰富而来的，所以狭义的 PLD 特指乘积项结构器件，而广义的 PLD 则包含所有 PLD 和 FPGA。

2．按照不同的制造工艺划分

● 熔丝（Fuse）/反熔丝（Autifuse）编程技术 双极型熔丝工艺的特点是器件工作速度快、功耗大、集成度低。而在反熔丝工艺中，可编程低阻电路元件（PLICE)工艺是采用高电压击穿夹在两层导体之间的 PLICE 介质来实现连通机制，某集成度比熔丝工艺要高；Vialink 和 Micro Via 工艺大都采用高压击穿的原理来实现连通机制。采用熔丝/反熔丝工艺的器件，其编程都是一次性的，编程后则无法修改，因此这类器件适用于已定型的设计。

● 浮栅编程技术 包括 UVCMOS、E^2CMOS 和 FlashCMOS 工艺，其特点是可以重复擦除和编程，并且是非易失性器件。

（1）UVCMOS 工艺的特点是器件集成度高、功耗低，具有可擦除、可重复编程的能力，但工作速度慢，擦除时间长，需采用价格较昂贵的石英窗口封装和专门的紫外线擦除设备，目前已很少使用。

（2）E^2CMOS 工艺使用电擦除的方法，擦除时间短，可以很方便地反复擦除和改写，克服了 UVCMOS 工艺器件擦除时间长和成本高的缺点，而且其功耗比 UVCMOS 工艺器件更低，工作速度也更快。因此，除了集成度稍逊于 UVCMOS 工艺器件以外，E^2CMOS 工艺是一种先进和成熟的 PLD 制造工艺。

（3）Flash CMOS 工艺采用读写块设备的方式，一次擦除一个数据块，比 E^2CMOS 工艺的擦除时间更短。

● 静态存储器（SRAM）编程技术 采用与 SRAM 相似的 CMOS 工艺，使用 5 个场效应管构成一个存储单元来存放逻辑配置（编程）数据，其特点是器件集成度高，工作速度快，功耗低，结构灵活。但 SRAM 器件是易失性器件，掉电后其配置数据将会丢失，因此每次上电都需要进行重新配置，这往往需要另外增加一个存放配置数据的非易失性器件，在上电时将其存放的配置数据写入 SRAM 中。

在上述 3 种编程技术中，熔丝/反熔丝技术属于一次性编程技术，反熔丝技术克服了熔丝技术的一些缺陷，目前常用于小批量的定型设计中；浮栅技术属于反复擦写器件，而且具有非易失性，其中 E^2CMOS 器件优于 UVCMOS 器件，成为常用的 PLD 器件制造技术，Flash CMOS 工艺也有很好的发展前景；SRAM 技术则具有比前两种技术集成度更高、工作速度更快、功耗和制造成本更低等优势，成为当前 FPGA 常用的制造工艺。但它具有易失性，需要在每次上电时重新配置数据，正因为如此才将 FPGA 称其为现场可编程门阵列，即每次上电时在现场"编程"。

3．按照不同的集成度划分

● **低密度器件** 包括 PROM、PLA、PAL 和 GAL 器件。
● **高密度器件** 包括 EPLD、CPLD 和 FPGA 器件。

PROM 是可编程只读存储器（Programmable Read-Only Memory），最初作为计算机存储器设计而使用，后来发现它具有组合 PLD 的功能。它的与-或阵列结构为"与"阵列固定、"或"阵列可编程，其特点是价格低、编程容易，适合于存储函数和数据表格，但工作速度慢，芯片面积的利用率低，目前只用于一些特定场合。

图 1-7 是一个 4×2 PROM 的 PLD 与-或阵列结构图。图 1-8 是用 4×2 PROM 构成的一个半加器的内部结构：$F_0 = A_0 \overline{A_1} + \overline{A_0} A_1$，$F_1 = A_0 A_1$。

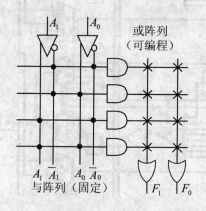
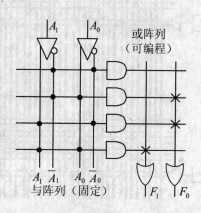

图 1-7 PROM 的与-或阵列结构图　　图 1-8 由 PROM 构成的半加器内部结构图

PLA 是可编程逻辑阵列（Programmable Logic Array），其与-或阵列结构为与、或阵列均可编程，虽然它的工作速度比 PROM 要快，但由于器件的资源利用率低，编程复杂，目前已很少使用。图 1-9 是一个 4×2 PLA 的阵列结构图。

PAL 是可编程阵列逻辑(Programmable Array Logic)，其与-或阵列结构为"与"阵列可编程、"或"阵列固定，特点是器件工作速度快、价格低、编程容易，并且在输出级加上了输出寄存器单元，从而实现可编程时序逻辑电路。为了适应不同的输出要求，衍生出多种不同输出结构的 PAL 产品，种类十分丰富，同时也提高了对应用工程师的要求。图 1-10 是一个 4×2 PAL 内部的与-或阵列结构图。图 1-11 是一种 PAL 器件 PAL16V8 的部分结构图，其输出端是一种带有反馈和异或逻辑的寄存器结构。

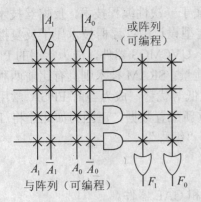

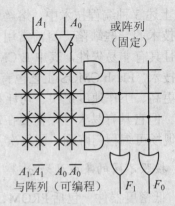

图 1-9　PLA 的与-或阵列结构图　　　　　图 1-10　PAL 的与-或阵列结构图

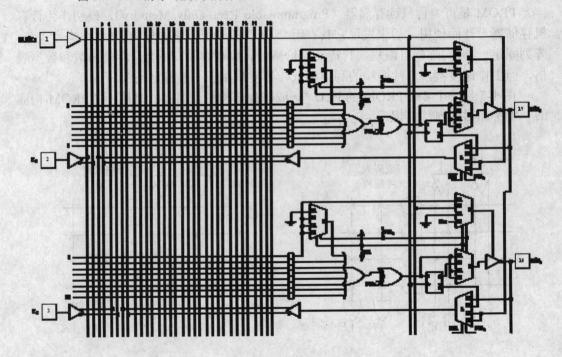

图 1-11　PAL16V8 的部分内部结构图

　　特别要提出的是在 PAL 基础上改进的通用阵列逻辑（Generic Array Logic，GAL）器件，由于增加了可编程输出逻辑宏单元（Output Logic Macro Cell，OLMC）结构和采用了 E^2CMOS 工艺，因此 GAL 器件具有结构灵活、功耗低、工作速度快、易于加密、可电擦除和可重复编程等优点，已成为目前低密度 PLD 的主要产品而替代了 PAL 器件。图 1-12 是 OLMC 的内部结构示意图。图 1-13 是一种 GAL 器件 GAL16V8 的内部结构图。

　　通过改变 OLMC 中 4 个多路选择器的状态，可以将 I/O 端口设置为 5 种模式之一：输入端口、组合逻辑输出端口、组合逻辑输入/输出双向端口、时序逻辑输出端口和时序逻辑输入/输出双向端口，并且可以通过改变参与异或操作的 XOR(n) 来决定送往输出端口的逻辑值是否反相。

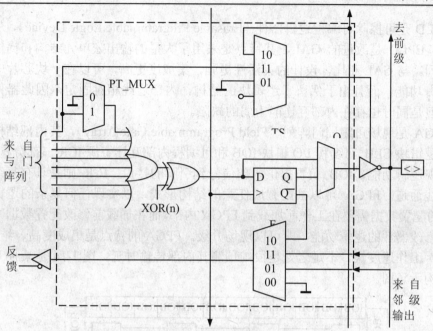

图 1-12 OLMC 的内部结构示意图

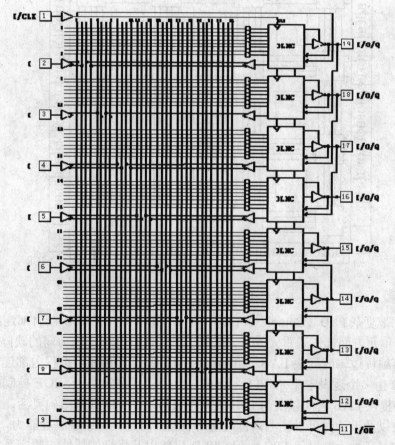

图 1-13 GAL16V8 的内部结构图

EPLD 是可擦除可编程逻辑器件（Erasable Programmable Logic Device），从某种意义上讲，EPLD 是改进的 GAL，其特点是采用了大量的输出宏单元结构和提供了更大的与阵列。与 GAL 相比，设计的灵活性更强，集成度更高，可以在一块芯片中实现更多的逻辑功能，而且由于保留了逻辑块的结构，内部连线相对固定，因此器件工作速度快，但是同时也存在内部互连能力弱的缺陷。

FPGA 是现场可编程门阵列（Field Programmable Gate Array），其内部结构主要由可编程逻辑块 CLB、可编程 I/O 模块 IOB 和可编程内部互连资源 ICR 三部分构成。CLB 负责实现逻辑功能，IOB 负责提供内部信号到引脚的接口，ICR 则是具有复杂互连模式的布线通道。FPGA 可以被配置成任意的结构形式，以实现任何复杂的逻辑功能。FPGA 的配置数据需要在工作前加载到 FPGA 内部，而在加载前修改配置数据则可以实现现场修改器件的逻辑功能，即可以现场升级。FPGA 的特点是集成度高、结构灵活、功耗低、工作速度快，不足之处是很难预测其内部传输时延。图 1-14 是某种 FPGA 的内部结构示意图。

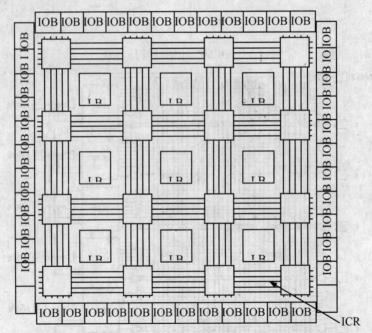

图 1-14　FPGA 内部结构示意图

CPLD 是复杂 PLD（Complex PLD），与 EPLD 相比，CPLD 在内部连线、逻辑宏单元和 I/O 单元方面都作了重大改进，克服了 EPLD 内部互连能力弱的缺陷，其内部结构主要由可编程逻辑阵列块 LAB、可编程的 I/O 单元 IOE 和可编程内部连线阵列 PIA 构成。LAB 由多个逻辑宏单元（LE）组成，负责实现逻辑功能，IOE 控制端口的工作模式，PIA 提供 LAB 之间以及与 IOE 的互连通道。CPLD 具有结构灵活、集成度高、工作速度快以及设计时可以预测内部时延等优点，而且具有系统编程能力，虽然 CPLD 在集成度和灵活性上略逊于 FPGA，但 CPLD 仍然以其优良的特性在数字系统设计中得到了广泛的应用。一个典型的 CPLD 内部结构示意图如图 1-15 所示。

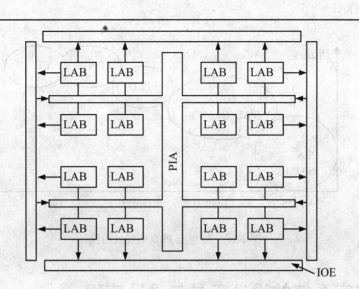

图 1-15 CPLD 内部结构示意图

目前嵌入式应用非常活跃，因此在 CPLD/FPGA 内部可以嵌入软核微处理器（例如 Nios Ⅱ）、高性能 DSP 模块以及大量的乘法器。为了适应数字信号处理器(DSP)应用设计的需要，目前很多 CPLD/FPGA 内部都集成了 FIFO、RAM 或双端口 RAM 等存储器。CPLD/FPGA 已经成为设计高性能数字系统不可或缺的理想器件。

1.2.2 PLD 的发展历程

PLD 的发展是一个从低密度到高密度、从简单到复杂的过程。PLD 的初期产品 PROM、PLA、PAL 都是以与-或阵列为基础的器件，集成密度低，内部资源少；20 世纪 80 年代出现的 GAL 器件，在 PAL 器件的基础上增加了可编程输出逻辑宏单元（OLMC），通过对 OLMC 的编程，可以得到不同形式的输出与反馈，从而使 GAL 器件得到广泛应用。随着 VLSI 的发展和人们对 PLD 在集成密度以及性能方面要求的不断提高，20 世纪 80 年代中期出现了一种改进的高集成密度 GAL——可擦除 PLD（EPLD），其特有的宏单元结构使设计的灵活性有了很大提高；至 20 世纪 80 年代末，出现了一种新型的 PLD——现场可编程门阵列（FPGA），它密度大、结构灵活、速度快，具有在系统中编程的能力，并成为 PLD 的一支生力军，极大地冲击了 EPLD；到 20 世纪 90 年代，出现了复杂 PLD（CPLD），它克服了 EPLD 内部互连能力弱的缺陷，而且也具有在系统中编程的能力，因此它替代了 EPLD。

CPLD 与 FPGA 并驾齐驱，成为目前 PLD 的两大支柱。图 1-16 展示了 20 世纪 PLD 的发展历程。

使用 PLD 的数字系统具有结构紧密、速度快、可靠性高、设计周期短、设计成本低和保密性强等优点，PLD 已成为设计高性能数字系统不可或缺的理想器件。目前 CPLD/FPGA 的集成密度已经达到数百万门，内含多达数十万个等效逻辑单元和数兆位的存储器，内部结构十分复杂，如果没有良好的 EDA 工具，是无法应用 CPLD/FPGA 来设计高性能的数字系统的。

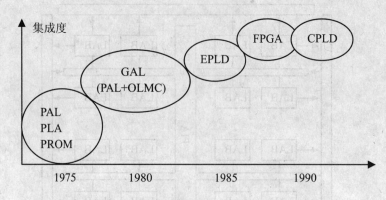

图 1-16 20 世纪 PLD 的发展历程

1.3 数字系统的设计工具与设计流程

数字系统的硬件构成经历了从分立元件、中小规模集成电路（SSI/MSI）、大规模集成电路（LSI）到超大规模集成电路（VLSI）乃至甚大规模集成电路（ULSI）的发展历程。数字技术的发展，在很大程度上依赖于集成电路，特别是超大规模集成电路的迅速发展；而集成电路的发展，又带动了电子设计自动化（EDA）产业的发展；同时，EDA 技术的发展，反过来又推动了 VLSI 技术的迅速发展。因此，集成电路、EDA 技术与数字技术的发展是相辅相成、相互促进的。伴随着数字系统的发展，数字系统设计自动化技术也在不断地成长和完善。

1.3.1 数字系统设计自动化技术的发展历程

在数字系统设计自动化技术发展之初（20 世纪 70 年代），出现了借助电子计算机辅助设计（CAD）集成电路和数字系统的软件产品，其功能主要是大规模集成电路（LSI）布线和印刷电路板（PCB）布线设计，它使用二维图形编辑和分析工具代替传统的手工布图布线方法，将设计人员从重复性的繁杂劳动中解放出来，使工作效率和产品设计的复杂程度大大提高。人们把这种技术称之为计算机辅助设计技术。

20 世纪 80 年代，出现了第二代电路 CAD 软件，其产品主要是交互式逻辑图编辑工具、逻辑模拟工具、LSI 和 PCB 自动布局布线工具，它可以使设计人员在产品的设计阶段对产品的性能进行分析，验证产品的功能，并且生成产品制造文件。这一时期的电路 CAD 工具已不单单是代替设计工作中绘图的重复劳动，而是具有一定的设计功能，可以代替设计人员的部分设计工作，人们称之为计算机辅助工程（CAE）技术。

20 世纪 80 年代末至 20 世纪 90 年代初，随着电路 CAD 技术的不断发展，融合了计算机辅助制造（CAM）、计算机辅助测试（CAT）和计算机辅助工程等概念，形成了第三代电路 CAD 系统，也就是电子设计自动化（EDA）这一概念。这一时期 EDA 工具的主要功能是以逻辑综合、硬件行为仿真、参数分析和测试为重点。

数字系统设计自动化技术的发展历程如图 1-17 所示。

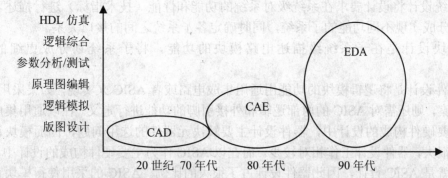

图 1-17　20 世纪数字系统设计自动化技术的发展历程

目前流行的 EDA 工具门类齐全、种类繁多，主要构成为：设计输入模块、设计数据库模块、综合模块、分析验证模块和布局布线模块，它能够在算法级、寄存器传输级（RTL）、门级和电路级进行设计描述、综合与仿真。

另外，EDA 工具与前两代电路 CAD 产品的重要差别之一是，不仅可以用逻辑图进行设计描述，还可以用文字硬件描述语言进行设计描述，以及用图文混合方式进行设计描述。

1.3.2　数字系统的设计流程

数字系统的设计从设计方法学角度来看，有自顶向下（TOP-DOWN）和自底向上（BOTTOM-UP）两种方法。

由于 EDA 工具首先是在低层次上得到发展的，所以 BOTTOM-UP 设计方法曾经被广泛应用，这种方法以门级单元库和基于门级单元库的宏单元库为基础，从小模块逐级构造大模块以至整个电路，其设计流程如图 1-18 所示。在设计过程中，任何一级发生错误，往往都会使得设计重新返工。因此，自底向上的设计方法效率和可靠性低、设计成本高。

随着 EDA 技术的不断发展，TOP-DOWN 的设计方法目前得到越来越广泛的应用。按照 TOP-DOWN 的设计思路，数字系统的设计流程可分为这样几个层次：系统设计、模块设计、器件设计和版图设计，如图 1-19 所示。

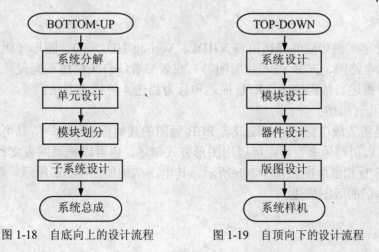

图 1-18　自底向上的设计流程　　　图 1-19　自顶向下的设计流程

系统设计将设计要求在系统级对系统的功能和性能（技术指标）进行描述，并将系统划分成实现不同功能的子系统，同时确定各子系统之间的接口关系。

模块设计是在子系统级描述电路模块的功能，将子系统划分成更细的逻辑模块。

器件设计是将逻辑模块的功能用通用集成电路或者 ASIC 来实现，如果采用 ASIC 实现方案，则还需对 ASIC 的内部逻辑和外接引脚的功能进行定义。在以通用集成电路作为主要硬件构成的设计中，器件设计主要解决元器件的选用问题，因而模块设计所占比例很大，器件设计工作相对较少。而在以 ASIC 作为主要硬件构成的设计中，器件设计也就是 ASIC 设计，因此器件设计占了很大的比例。ASIC 的采用使得模块设计工作大部分是在器件设计中完成的，即模块设计延伸到器件设计工作之中，使得这两部分设计工作的分界线不那么明显了。

版图设计包含 ASIC 芯片版图设计和 PCB 版图设计。

ASIC 版图设计包括芯片物理结构分析、逻辑分析、建立后端设计流程、版图布局布线、版图编辑、版图物理验证等设计工作，有点像人们玩的"七巧板"游戏，这些工作可以融合到上一层次的器件设计中。如果采用 CPLD/FPGA 作为 ASIC 设计的实现手段，则芯片版图设计工作将可大为简化。

PCB 版图设计则是按照系统设计要求，确定电路板的物理尺寸，并进行元器件的布局和布线，从而完成系统样机的整体功能。无论采用通用集成电路还是 ASIC 作为主要硬件构成，PCB 版图设计工作都是不可或缺的，特别是高速数字系统，更是决定系统设计成败的重要一环。

在这里要特别提出的是 CPLD/FPGA 的系统编程功能，它可以在完成 PCB 设计和焊接工作之后，重新修改 PLD 的内部逻辑，这使得数字系统设计更为灵活和方便。

在上述各个层次的设计中，主要有描述、划分、综合和验证 4 种类型的工作，这些工作贯穿于整个设计的各个层次。首先在高级别层次进行描述、验证，然后经过划分和综合，将高级别的描述转换至低一级别的描述，再经过验证、划分和综合，将设计工作向更低级别延伸。

下面分别介绍这 4 种类型的设计工作。

1. 描述

是用文字（例如硬件描述语言 VHDL、Verilog HDL 等）、图形（例如真值表、状态图、逻辑电路图、PCB 或芯片版图等）或者二者结合来描述不同设计层次的功能，主要有几何描述、结构描述、RTL 描述和行为描述 4 种描述方法。

（1）几何描述

主要是指集成电路芯片版图或者 PCB 版图的几何信息。这些信息可以用物理尺寸表达，也可以用符号来表达；可以用图形方式描述，也可以掩膜网表文件的形式存在。一种 CMOS 反相器版图如图 1-20b 所示，其电路结构如图 1-20a 所示。图 1-21 是一个 CMOS 与非门的版图描述。

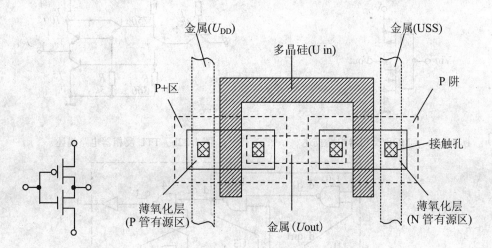

图 1-20a 电路结构　　　　　　图 1-20b CMOS 反相器的版图描述

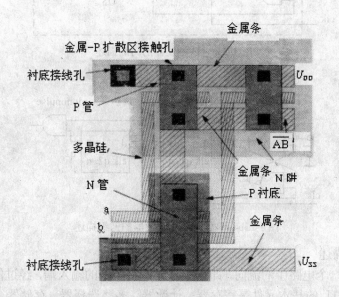

图 1-21 CMOS 与非门的版图描述

（2）结构描述

表示一个电路的基本元件构成以及这些基本元件之间的相互连接关系，它可以用文字表达，也可以用图形来表达；可以在电路级，也可以在门级进行结构描述。电路级的基本元件是晶体管、电阻、电容等，电路级描述表达了这些基本元件的互连关系（见图 1-22）；门级的基本元件是各种逻辑门和触发器，门级描述表达了这些基本元件之间的互联关系，即逻辑电路的结构信息（见图 1-23）。除了使用图形描述方式之外，结构描述的信息还可以用门级网表的形式存放在网表（Net List）文件中。

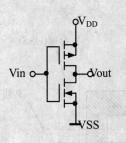

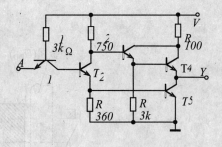

图 1-22a　CMOS 反相器电路描述　　　　图 1-22b　TTL 反相器电路描述

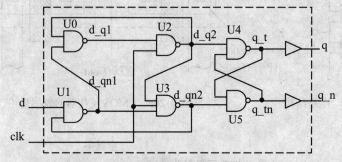

图 1-23a　D 触发器的门级描述

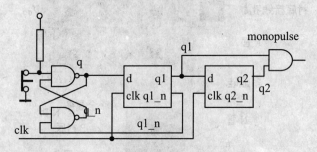

图 1-23b　单脉冲发生触发器的门级描述

（3）RTL 描述

　　表示信息在一个电路中的流向，即信息是如何从电路的输入端，经过何种变换，最终流向输出端的。RTL 的基本元件是寄存器、计数器、多路选择器、存储器、算术逻辑单元（ALU）和总线等宏单元，RTL 描述表达了数据流在宏单元之间的流向，因此也称为数据流描述。与此同时，RTL 描述还隐含了宏单元之间的结构信息（见图 1-24），所以一个正确的 RTL 描述可以被直接转换或综合为结构描述（即门级）网表的形式。

图 1-24　FSK 调制器的 RTL 描述

（4）行为描述

表示一个电路模块输入信号和输出信号之间的相互关系，也可以用文字或者图形两种形式来表达。算法级描述是对 RTL 之上的模块电路的行为描述，行为描述不包含模块电路的结构信息，所以不能用以模块电路为基本元件的图形来表达。通常采用真值表、状态图或者文字硬件描述语言等形式来描述模块电路的输入信号与输出信号之间的对应关系。即使是一个正确的行为描述，也不一定能够被转换或综合为可以用硬件电路实现的形式。也就是说，不一定能够被综合成一个正确的 RTL 描述。

2．划分

是在不同的设计层次，将大模块逐级划分成小模块的过程，它可以有效降低设计的复杂性、增强可读性。在划分模块时应注意以下几点：

（1）在同一层次的模块之间，尽量使模块的结构匀称，这样可以减少在资源分配上的差异，从而避免系统在性能上的瓶颈。

（2）尽量减少模块之间的接口信号线。在信号连接最少的地方划分模块，使模块之间用最少的信号线相连，以减少由于接口信号复杂而引起的设计错误和布线困难。

（3）划分模块的细度应适合于描述。如果用硬件描述语言 HDL 描述模块的行为，可以划分到算法一级；用逻辑图来描述模块，则需要划分到门、触发器和宏模块一级。

（4）对于功能相似的逻辑模块，应尽量设计成共享模块。这样可以改善设计的结构化特性，减少需要设计的模块数量，提高模块设计的可重用性。

（5）划分时尽量避免考虑与器件有关的特性，使设计具有可移植性，即可以在不同的器件上实现（例如采用不同制造工艺，或者不同制造方法，或者采用通用 IC 抑或 ASIC 等）设计。

3．综合

将高层次的描述转换至低层次描述的过程。综合可以在不同的层次上进行，通常分为 3 个层次：行为综合、逻辑综合、版图综合。

（1）行为综合

将算法级的行为描述转换为寄存器传输级描述的过程，这样不必通过人工改写就可以较快地得到 RTL 描述。因此可以缩短设计周期，提高设计速度，并且可以在不同的设计方案中，寻求满足目标集合和约束条件的花费最少的设计方案。

（2）逻辑综合

在标准单元库和特定设计约束（例如面积、速度、功耗、可测性等）的基础上，把 RTL 描述转换成优化的门级网表的过程。首先将 RTL 描述转换成由各种逻辑门（反相器、与非门、触发器或锁存器等）组成的结构描述，然后对其进行逻辑优化，再依照所选工艺的工艺库参数，将优化后的结构描述映射到实际的逻辑门电路——门级网表文件中。逻辑综合将给出满足 RTL 描述的逻辑电路（门级网表），它可以分为组合逻辑电路综合和时序逻辑电路综合两大类。

（3）版图综合

将门级网表转换为 ASIC 或者 PCB 版图的布局布线表述，并生成版图文件的过程。

4．验证

对功能描述和综合的结果是否能够满足设计功能的要求进行模拟分析的过程。如果验证的结果不能满足要求，则必须对该层次的功能描述进行修正，甚至可能需要修改更高层次的功能描述和划分，直到验证的结果满足设计功能的要求为止。

验证的目的主要有以下 3 个方面：

- 验证原始描述的正确性。
- 验证综合结果的逻辑功能是否符合原始描述。
- 验证综合结果中是否含有违反设计规则的错误。
- 验证方法通常有 3 种：逻辑模拟（也称仿真）、规则检查和形式验证。

（1）逻辑模拟

当前的主要验证手段，它通过观察从原始描述抽象出的模型或者综合结果在外部激励信号作用下的反应来判断原始描述或者综合结果是否实现了预期的逻辑功能。逻辑模拟贯穿于数字系统设计的整个过程，在设计的各个层次上，都需要对描述或者综合结果进行验证。

行为级仿真的目的是观察系统在激励的作用下系统数学模型的功能是否正确，即行为描述是否恰当，并且是在抽象的层面上评估系统性能。寄存器传输级仿真则是对行为综合的结果——RTL 描述所做的仿真，其目的是验证 RTL 描述能否符合逻辑综合工具的要求。行为级仿真和寄存器传输级仿真都不涉及具体逻辑电路，不能揭示电路中与竞争、冒险以及与延迟有关的时序问题。而门级仿真是时序仿真，它对逻辑综合的结果——门级网表产生激励，通过观察仿真结果，可以验证逻辑设计的正确性和研究电路中的延迟对输出波形的影响等问题。

逻辑模拟（仿真）的局限性在于：

- 外部激励信号要由设计者给出，而外部激励信号的优劣决定了所能查出的错误的多少。
- 设计者必须有丰富的经验来分析模拟结果。
- 由于难以穷举激励信号，因此无法确保经过逻辑模拟验证使正确的结果中不再存在错误。

（2）规则检查

分析综合结果中各种数据的关系是否符合设计规则。

在版图综合中主要检查掩膜版的几何设计规则（版图中各种几何尺寸的最小允许值，以及不同层面中各种几何形状的关系等）和电学设计规则（电路中各部分的电阻、电容、阈值电压等电学参数），这些规则是生成和编辑掩膜版图以及预测电路性能的依据。在 PCB 版图的设计中也存在与芯片版图类似的几何设计规则。

在逻辑综合中主要检查最小脉冲宽度、最大建立时间和保持时间、最大扇出负载、最大电容负载等参数是否符合设计规则约束。

（3）形式验证

根据对逻辑功能和结构的描述，使用数学分析方法来确定电路的状态以及相邻状态之间的关系，用类似定理证明的方法来验证实现结果的正确性。对这种方法的研究开始于 20 世纪 70 年代中期, 近年来正逐步向实用化发展。

目前的形式验证主要基于两种原理:

- 黄金模型。在设计的不同阶段可以得到不同级别的实现结果, 而验证高级别实现结果的正确性在先, 验证低级别实现结果的正确性在后。所以只要证明低级别的实现与高级别实现等价, 就可以证明低级别实现结果的功能的正确性, 而不必用逻辑模拟的方法再做功能验证, 从而节省了仿真时间。这样, 已经被验证是正确的、高级别的描述就可以被看做黄金模型。

- 直接使用高级语言写出待验证电路的需求, 即以一种适合数学证明的形式把设计表达出来。当然这种高级语言应当能够被形式验证工具充分理解。对于复杂的电路模块, 实现起来并不那么容易, 对设计者的要求较高。因此目前更多地采用将电路分割成较小的模块, 再用断言或对设计特性进行定义的方法来引导证明引擎。

目前很多验证系统都将形式验证作为功能验证(逻辑模拟)的一种补充, 提供兼有功能验证和形式验证两种技术来验证一项设计的成果。

描述、划分、综合和验证 4 种类型的设计工作贯穿于整个设计的不同层次。系统设计工作可以用图 1-25 所示的设计流程来概括。

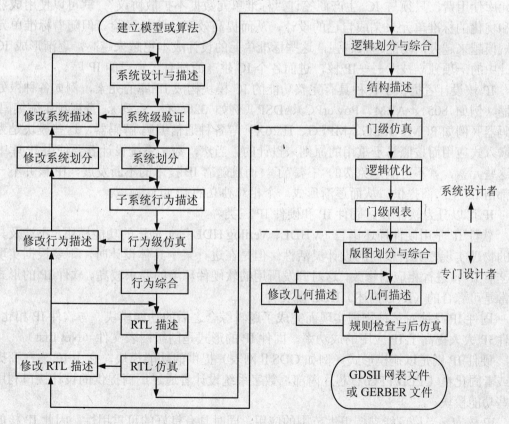

图 1-25 数字系统的设计流程

目前很多数字系统设计者只将设计完成至输出优化的门级网表为止，即图 1-25 中的虚线以上，而将虚线以下的版图设计工作交由 IC 制造厂商或者专门的 PCB 设计者来完成。

虽然在 ASIC 设计中版图设计不是制造方的工作范围，但由于这部分工作与工艺实现的关系十分密切，所以交由制造方来完成最终设计可以起到事半功倍的效果。

PCB 版图设计也不是制造方的工作范围。对于比较简单的 PCB 设计工作，可由数字系统设计者自行完成；但对于较为复杂的 PCB，特别是高速多层线路板的版图设计，则应当交由专门的 PCB 设计者来完成，这样才能保证设计的成功率以及满足 PCB 的电磁兼容性指标。

1.4 知识产权核（IP Core）

IP 是 Intellectual Property（知识产权）的缩写。

早期的标准单元库就是 IP 的初级形式，由 IC 生产商根据本厂的生产工艺精心设计标准单元库，主要是为了吸引数字系统设计者成为自己的客户。IC 设计者无须缴纳单元库使用费，只须与 IC 生产商签订"标准单元数据不扩散协议"，就可以使用成熟的和优化的标准单元来完成自己的设计，从而提高效率，降低风险。但随着标准单元的规模越来越大，功能越来越强，这些标准单元的设计成本也越来越高，逐渐形成 IC 设计中的一项独立技术——IP 核，进而各个 IC 生产商都有了自己的 IP 库。

IP 核设计者提供了各种具有完整功能的 IC 模块构成 IP 库的元素，例如各种微处理器（例如 8051、ARM、PowerPC）、DSP（例如 320CXX 系列）、音视频压缩编码/解码器（例如 PCM、JPEG、MPEG、H.26X）等各种通信编码/解码器，这些模块是为了嵌入式应用而按照易于重用的原则来设计的。当然，数字系统设计者要使用 IP 库中的这些元素，就不可能是免费的"午餐"了。而且随着 IP 技术的不断发展，IP 核并不一定都由 IC 生产商提供，从而逐渐形成一个相对独立的 IP 设计领域。

IP 可以分为软件 IP、固件 IP 和硬件 IP 三类。

软件 IP 是用硬件描述语言（VHDL、Verilog HDL 等）描述的功能模块，不涉及具体的物理实现，具有很高的设计灵活性。但是在进行某个具体设计时，则要根据实现工艺对 IP 核进行相应的修改，这对开发所用的软硬件环境的要求较高。软件 IP 的形式通常是可综合的（RTL 描述）HDL 源文件。

固件 IP 是针对某种物理实现而完成了逻辑综合之后的功能模块。与软件 IP 相比，固件 IP 大大提高了 IP 应用的成功率。固件 IP 的形式是门级网表文件（Net List）。

硬件 IP 则是以掩模形式（例如 GDS II 网表）提供的功能模块，它由 IC 生产商提供或者固化在 CPLD/FPGA 芯片内部，数字系统设计者通过厂商提供的设计接口利用这些功能模块。

IP 核应 z 当尽可能支持更大范围的应用，同时具有良好的可重用性。因此 IP 核的设计应当具有如下的特点：

（1）具有可配置性，以满足不同设计的需求。

例如，可以在处理器核中提供不同的乘法器、Cache 和 Cache 控制器等实现方法；在类似 USB 接口模块中，提供不同速度的配置方法，以及适用于不同物理层的多种接口；在总线和外设模块中，尽可能支持可配置的地址、总线宽度、中断优先级和仲裁方案等。

（2）采用业界标准接口。

可以在集成多个不同的 IP 核时，不必为 IP 核之间定义专用的接口。

（3）遵守设计规则。

按照设计规则进行设计，可以更好地保证 IP 核的时序收敛，使得验证更为容易，并且更利于进行可重用的封装。

（4）交付完整的设计数据和资料。

为了方便芯片的集成，所设计的 IP 核应当具有完整的设计数据和资料，包括可综合的 RTL 代码、对 IP 核进行验证的验证文件、综合脚本和时序约束、产品手册等记录文档。

目前国内在 IP 核的设计方面尚未成熟，与 IP 核的应用需求有很大的差距。这种现象既是应用嵌入式设计的瓶颈，同时也是 IP 核设计者的发展空间。

关于 IP 核设计的详细内容，请参考有关"可重用设计技术"方面的书籍、资料。

1.5　数字系统设计中的其他问题

在数字系统设计中，还有许多需要阐述的方面，这里只简述下面 3 个问题。

1.5.1　优化设计

对于同一数字系统的设计，有多种实现方案。究竟哪一种实现方案是最优方案，则应当根据系统的不同应用场合制订优化目标。例如优化资源利用率、优化工作速度、优化布局布线的可实现性等，可对系统的各项性能指标进行优化设计。

1．优化资源利用率

在集成电路设计中，人们追求高集成度，因此芯片占用的面积就成为一个重要的性能指标。在 CPLD/FPGA 中，同一功能的电路占用"面积"越小，也就表示其占用的逻辑资源越少。因此对占用面积的优化，可以看做是对资源利用率的优化。优化资源利用率的目的，就是使同样功能的电路占用的面积（资源）更小，集成度更高，制造成本更低。

通常有逻辑优化和资源共享等优化资源利用率的方法。

逻辑优化是在分解电路逻辑功能的基础上，通过去除逻辑结构中的冗余逻辑节点和连线，使得各逻辑节点的函数为无冗余的极小化形式，减少逻辑深度和减少信号假翻转，使得信号的翻转活动最小，从而降低电路的功耗并节省逻辑资源。

例如，在乘法器设计中有一个参与运算的操作数是常数。在这种情况下，如果将乘法器设计为一个可以对两个信号相"乘"运算的乘法器，并将常数的值赋予其中一个信号的话，就会占用较多的资源；而将其设计为一个常数与一个信号相"乘"的乘法器，则会节省不少资源。这个例子也适用于加法器设计中信号与常数相加的情况。

数字逻辑中的代数化简法和卡诺图化简法，就是传统的逻辑优化方法实例。

资源共享是将功能相同的模块提取出来，设计成共享模块，从而减小其占用面积。例如完成算法：当 C=0 时，Y=A0+B，而当 C=1 时，Y=A1+B。即：

$$Y = A0 + B \quad WHEN \ C = 0 \quad ELSE$$
$$A1 + B$$

如果直接综合实现该算法，则会使用两个加法器和一个多路选择器，如图 1-26a 所示。

如果对图 1-26a 所示的电路进行资源共享优化，则优化后的电路如图 1-26b 所示。可以看出，该电路少用了一个加法器，却实现了和用 1-25a 相同的功能。

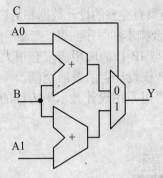
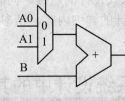

图 1-26a 未作资源共享的实例　　　　　　图 1-26b 资源共享的实例

另外，对于 $Y = A \times B \times C \times D \times E$ 的运算，直接综合实现并行相"乘"要占用 4 个乘法器的资源；而采用时分复用（串行相"乘"）的方式，用一个乘法器分 4 次作"乘"运算的话，就只需一个乘法器和一个时序控制电路即可。由于乘法器占用的资源较多，因此这种方法可以节省不少硬件资源，但是牺牲了运算时间。在这个例子中，串行相"乘"要耗费比并行相"乘"多 3 倍的运算时间。

2．优化工作速度

在集成电路设计中，人们在追求高集成度的同时，更要追求高速度，因此电路的工作速度成为另外一个重要的性能指标。

优化工作速度的方法通常有流水线设计和优化最长路径等方法。

流水线设计可以有效地分解组合逻辑电路的延迟，提高整个系统的工作速度。

例如，图 1-27a 是一个基于寄存器设计的示意图。在前后两级寄存器之间有一个组合逻辑模块，假设其延迟为 Ts，则系统时钟信号 clk 的周期必须略大于 Ts。

图 1-27a 基于寄存器设计的实例

如果将上面的组合逻辑模块划分成两块延迟大致相等、规模较小的组合逻辑模块，假设其延迟分别为 T_1 和 T_2（$Ts = T_1+T_2$），且 $T_1 \approx T_2$，并且在这两个组合逻辑模块之间插入一个寄存器 C，如图 1-27b 所示。

由于上面的假设，$Ts = T_1+T_2 \approx 2T_1$，即 $f_1 \approx f_2 \approx 2fs$，所以系统的时钟频率大约可以提高一倍。

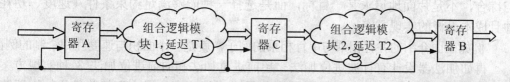

图 1-27b　流水线设计的实例

如果能够将上述组合逻辑模块划分成 3 块甚至更多块的话，则可以大大提高系统的时钟频率。但系统时钟频率受限于这些子模块中最大的延迟时间 T_{max}，$f_{clk}=1/T_{max}$，这就要求流水线中所有子模块的延迟尽量接近。这种流水线设计的思想，在 CPU 的设计中也被充分发挥，从而使 CPU 的工作频率成倍地增长。

从上面的假设来看，能够有效提高系统时钟频率的前提是 $T_1 \approx T_2 \approx \cdots T_n$。因此，对于流水线设计来说，如何均衡划分组合逻辑模块，就是能否有效提高系统工作速度的重要一环。对延迟最大的子模块进行逻辑优化，并反复这个优化过程，达到延迟最大的子模块优化完毕后，使所有子模块的延迟尽量达到均衡的目标。如果逻辑优化后这些子模块的延迟差异较大，则说明模块划分不够均匀，应当考虑重新划分。

另外，在一个复杂的数字系统中，信号不会只沿着单一路径传输。信号从一个电路模块的输入端传输至输出端，可能有多条路径。这些路径的延迟也不会都是一样的，因此延迟最长的路径将成为提高速度的系统瓶颈。

优化最长路径就是对电路模块中延迟最长的路径进行逻辑优化的过程。反复运用这种优化方法，直到所有路径都尽可能被简化，从而并达到延迟尽可能均衡的目标。

3.优化布局布线

除了面积和速度外，集成电路的功耗也是一个极其重要的性能指标。采用先进的制造工艺和在版图综合中合理地布局布线，可以有效地提高集成度、提高工作速度和降低功耗。

例如，NMOS 工艺（有比电路）由于存在静态电流导致产生静态功耗，而采用 CMOS 工艺（无比电路）就可以有效地降低静态功耗，因为从理论上讲 CMOS 的静态功耗为零。

合理地布局布线还可以减小分布电容，从而降低动态功耗。

因为数字信号不停地在 0 和 1 之间变化，引起对电路中电容的频繁充放电，这就会产生较大的动态功耗。

$$P_d = f(C_o + C_w + C_g)U_L^2 = f \cdot C \cdot U_L^2$$

式中，f 为信号频率，C_o 为电路的输出电容（自电容），C_w 为电路中的连线电容，C_g 为扇出栅电容（电路的负载电容），U_L 为最大逻辑摆幅（对于 CMOS 电路，$U_L \approx U_{DD}$）。

可见，时钟频率越高、电路中各种电容越大、电源电压越高，则功耗越大。而降低时钟频率、减小器件尺寸（从而减小器件内的分布电容）、缩短连线长度（从而减小连线电容）、降低电源电压等措施，都可以有效地降低功耗。因此，在设计中尽量采用深亚微米工艺和低电压器件，合理地布局布线，以及根据实际需求设置工作频率，都是低功耗设计的主要措施和优化手段。

面积、速度与功耗，这 3 个方面有时很难统一，3 项指标相互牵制。一个好的优化与综合，不是片面地追求某一目标，而是选择一种能够满足约束条件（速度、功耗）并且成本最低的实现方案。

例如上面介绍的并行相乘与串行相乘的例子，就是一个面积与速度互相牵制的例证。

再如加法器设计有行波进位加法、超前进位加法和向前进位加法 3 种实现方案。在这些方案中，行波进位加法器占用面积最小，但速度最慢；而超前进位加法器速度最快，占用面积却最大。因此在综合时，应当考虑选择在满足工作速度要求前提下，占用面积最小的实现方案。

速度与功耗也是相互牵制的一对性能指标。工作速度与功耗的关系可以用"速度功耗积"来表示。

$$T \times P_d = \frac{1}{f} \times f(C_o + C_w + C_g)U_L^2 = CU_L^2$$

式中，T 是信号周期，用来表示工作速度.

C 是电路中各种电容之和。

可以看出，当电源电压和电路中的电容一定时，电压平方与电容的乘积是常数。即工作速度越高，功耗越大；反之，功耗越小，工作速度越慢。这是因为电容的充放电电流越大，充放电时间就越短，工作速度也就越高，但较大的充放电电流必然导致较大的功耗。另外还可以看出，降低电源电压和减小分布电容是降低功耗和提高速度的有效措施。

1.5.2 时钟信号与复位信号设计

在基于寄存器设计的数字系统中，时钟电路对系统的稳定性和功耗影响较大。因此时钟信号的设计合理与否，是系统设计成败的一个重要因素。另外与时钟信号设计类似的复位信号设计，也是数字系统设计中应当注意的问题。

基于寄存器设计的电路都包含时序逻辑，在时序逻辑电路的时钟信号设计中，要尽可能地采用按照统一时钟工作的同步电路设计。因此时钟信号和复位信号的设计应当注意以下的几个问题：

（1）在整个设计的顶层，将时钟发生电路和复位信号发生电路划分在一个独立模块中。保证每个模块只使用一个时钟信号和一个复位信号，如图 1-28 所示。

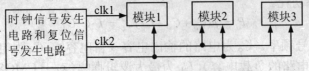

图 1-28 时钟发生电路和复位信号发生电路的划分示意图

（2）尽量简化时钟发生电路，时钟发生电路越复杂，其功耗也越大。如果在一个设计中存在不同工作频率的时钟，则应当由一个统一的时钟源经过不同的分频来得到不同频率的时钟信号。

（3）在流水线设计中，时钟频率大大提高，时钟发生电路的功耗占据了整个系统功耗的相当比例。因此采用单时钟和基于寄存器的设计方法，可以在很大程度上降低功耗。

（4）尽可能避免使用混合时钟沿。避免同时使用上升沿触发和下降沿触发方式的触发器、寄存器。如果不得已必须同时使用上升沿和下降沿进行触发，则应当将上升沿触发的触发器和下降沿触发的触发器分别划分在不同的模块中，并且在文档中详细描述对时钟信号占空比的要求。

（5）避免采用异步电路。不要在模块内部产生时钟信号。当不得已而采用异步电路时，要注意如何避免竞争以增强电路的稳定性。

（6）避免使用门控时钟。门控时钟电路是一种与工艺和时序紧密相关的电路，合理使用门控时钟，可能会产生时钟毛刺或者导致时钟错误，还可能限制设计的可测性。

（7）在低功耗设计中需要使用门控时钟的情况下，应当在设计的顶层将门控电路和时钟发生电路划分在一个独立模块中，并且保证每个模块只使用一个时钟信号和一个复位信号。

（8）使用简捷、单一的复位信号。尽量保证所有寄存器只受一个简捷的复位信号的控制。

（9）如果需要条件复位信号，则划分独立的条件复位信号发生电路模块，并将其设置在顶层的复位信号发生电路模块中。

由于时钟电路在数字系统设计中的重要性，有很多关于"时钟树"设计方面的书籍和资料，都对时钟信号发生电路的设计做了详细论述，有兴趣的读者可以参考这些文献。

1.5.3 数字系统的可观察性设计

这里所说的数字系统的可观察性设计，并不是指集成电路的可测性设计。关于集成电路的可测性设计方面的内容，读者可以参考有关专业书籍。

本节内容讨论的可观察性设计，是指在设计数字系统时，不仅要考虑系统功能和性能的设计，还应当考虑系统具有自检报错的功能和在系统中设置观测点等问题，以便于当系统出现故障时，技术人员可以方便地锁定故障范围，快速排除故障。

例如在计算机、数码相机、数码摄像机、DVD 播放机、数字电视机顶盒、各种多媒体播放设备（比如 MP3、MP4）等常见的电器，以及手机、程控交换机等通信设备和 B 超、CT、MRI 成像等各种医疗诊断设备中，开机自检比如存在系统错误并报错了是不可或缺的设计，即使其中的显示设备有故障，也会在设计中考虑使用声音、LED显示等其他手段来向技术人员报告相关信息（见图 1-29），还有许多设计在系统中设置测试点，以供技术人员通过示波器或者万用表来观察系统信息。

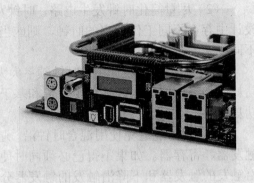

图 1-29a　主机板上设置 LED 的实例　　　　图 1-29b　主机板背面设置 LCD 的实例

1.6　本章小结

本章首先介绍了数字集成电路和可编程逻辑器件等方面的基础知识，然后对 EDA 设计工具和数字系统的设计流程作了介绍，解释了描述、划分、综合和验证等数字系统设计工作的特点，以及这些工作之间的联系和区别。最后，简单介绍了知识产权核、优化设计、时钟信号与复位信号设计等内容。

本章的重点内容如下：

（1）从分类学角度对数字集成电路进行了简介。

● 按生产工艺分类　双极型器件、MOS 器件、BiMOS 器件。

● 按生产目的分类　通用 IC、ASIC。

● 按制造方法分类　全定制方式、半定制方式。

（2）可编程逻辑器件简介。

● 不同结构　乘积项结构、查找表结构、多路开关结构和多级与非门结构。

● 不同工艺　熔丝/反熔丝工艺、浮栅 CMOS 工艺、SRAM CMOS 工艺。

● 不同集成度　PROM、PLA、PAL、GAL、EPLD、FPGA、CPLD。

（3）EDA 技术和数字系统设计流程简介。

● 数字系统设计自动化技术的发展历程　CAD、CAE、EDA。

● 数字系统的设计流程　自顶向下的分层设计方法，设计工作的 4 种类型（描述、划分、综合与验证），以及它们之间的关系与设计流程。

（4）知识产权核的概念　软件 IP、固件 IP、硬件 IP。

（5）讨论了数字系统设计中的其他问题。

● 优化设计　优化资源利用率、优化速度、优化布局布线。

● 时钟信号与复位信号设计　在顶层独立设计时钟信号与复位信号发生模块，可以简化时钟树，避免混合时钟边沿，以及门控时钟设计问题，简洁的复位信号等。

1.7　习题

1. 结合计算机 4 级存储体系中 CACHE 和内存采用不同工艺集成电路的举措，比较 TTL 工艺和 CMOS 工艺的特点。

2. ASIC 是什么集成电路？为什么目前大多采用 ASIC 设计数字系统？

3. 比较全定制制造方式和 PLD 半定制制造方式的优缺点。

4. 比较采用 SRAM 编程技术的 FPGA 和采用浮栅编程技术的 CPLD 之间的优缺点。

5. 目前常用的 EDA 工具主要包含哪些设计模块？

6. 电子设计自动化技术经历了哪几个发展阶段？

7. 在自顶向下的数字系统设计流程中，都有哪些设计层次？在不同的设计层次上，包括哪 4 类设计工作？

8. 在不同的设计层次上，主要有哪几种描述方法？

9. 什么是综合？在不同的设计层次上，需要有哪些综合方式？各自完成什么工作？

10. "验证"的主要目的是什么？仿真的局限性体现在哪几个方面？

11. 简述采用自顶向下设计方法的数字系统设计流程。

12. 什么是 IP Core？通常有哪几种形式的 IP Core？

13. 什么是优化设计？主要体现于优化哪些指标？

14. 在数字系统的顶层设计中，应如何考虑时钟信号发生电路和复位信号发生电路的设计？为什么？

第2章 硬件描述语言 VHDL 入门

☀ 学习目标

通过本章的学习，读者可以了解硬件描述语言 VHDL 的基本要素：设计实体、实体声明与结构体声明、基本标识符与扩展标识符、对象、标量类型与复合类型、属性和运算符等，关注硬件描述语言与软件编程语言之间的本质差异。

学习重点	设计实体	数据类型
	标识符	属性
	对象	运算符

在传统的数字系统设计中，描述硬件的方法通常是逻辑表达式（或者布尔方程）和逻辑电路图。随着系统复杂程度的增加，这些描述方法变得过于复杂，不便于使用。为了能够在更高层次上描述硬件，人们从 20 世纪 60 年代起就不断提出硬件描述语言（HDL），但其中绝大部分是专有产品而不是标准化产品。目前已经标准化的硬件描述语言主要有 VHDL 和 Verilog HDL。它们除了共有的优点之外又各有特点。一般认为，VHDL 在系统级抽象描述方面优于 Verilog HDL，而在电路开关级等底层描述方面不如 Verilog HDL。

与传统的描述方法相比，硬件描述语言主要有以下优点：

- HDL 描述可以直接读懂，并且可以直接由计算机编译处理。
- HDL 可以在高于逻辑级的抽象层次上对硬件进行描述。
- HDL 描述能够包含精确的定时信息。
- HDL 描述易于修改和交流。
- 在不同层次上均容易形成对模拟和验证的设计描述。

2.1 VHDL 的由来

20 世纪 70 年代末至 80 年代初，美国国防部提出了 VHSIC（Very High Speed Integrated Circuit）计划，其目标是开发新一代超高速集成电路。为了配合这一计划，1983 年美国国防部与 TI 公司、IBM 公司和 Intermerics 公司联合签约开发 VHSIC HDL，简称 VHDL。

经过大约两年的改进，1985 年开发小组发布了最终版本 VHDL V7.2，同时开始着手标准化工作。到 1987 年 12 月，VHDL 经过多次修改后，被 IEEE 接受为第一个标准的硬件描述语言，即 IEEE Std 1076-1987。于是美国国防部要求自 1988 年 9 月 30 日起，所有为美国军方开发的 ASIC 合同文件一律采用 VHDL 文档。

按照 IEEE 的规定，所有标准要求至少每 5 年重新认定一次，不断更新以保持其不过时。因此 1992 年在 IEEE Std 1076-1987 的基础上作了若干修改和增加一些功能之后，于 1993 年再次获得 IEEE 的批准，成为新的标准版本：IEEE Std 1076-1993。VHDL'93 和 VHDL'87 并不完全兼容，但是只须对 VHDL'87 的源码作少许的修改，就可以成为 VHDL'93 代码。

目前公布的 VHDL 标准版本是 IEEE Std 1076-2008。

2.2 位全加器的描述实例

在学习 VHDL 之前，我们先来看一个用 VHDL 描述 1 位全加器的实例。

1 位全加器有 3 个输入端 a、b、c_in 和 2 个输出端 sum、c_out（见图 2-1a），它可以被进一步划分成两个半加器和一个或门（见图 2-1b），半加器又由一个异或门和一个与门构成，最终 1 位全加器的逻辑电路图如图 2-1c 所示。

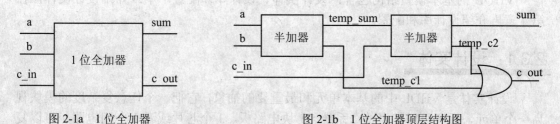

图 2-1a 1 位全加器　　　　　　　　　　图 2-1b 1 位全加器顶层结构图

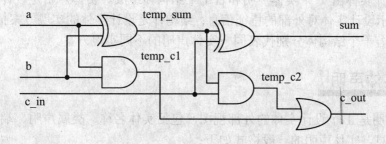

图 2-1c 1 位全加器逻辑电路图

1 位全加器的图形描述方式通常是图 2-1c 所示的逻辑电路图，而用 VHDL 的描述如下：

例 2-1 1 位全加器的 VHDL 描述

```
ENTITY full_adder IS              -- 实体声明
  PORT (a, b, c_in: IN Bit;       -- 端口声明
       sum, c_out: OUT Bit);
```

```
END full_adder;
ARCHITECTURE rtl OF full_adder IS    -- 结构体声明
  SIGNAL temp_sum: Bit;               -- 信号声明
BEGIN
  temp_sum <= a XOR b AFTER 20 ns;
  sum <= temp_sum XOR c_in AFTER 20 ns;
  c_out <= (a AND b) OR (temp_sum AND c_in) AFTER 22 ns;
END rtl;
```

从例 2-1 中可以看出，上述描述方式既描述了 1 位全加器的外部接口特点，又描述了它内部的逻辑关系（逻辑表达式），同时还可以描述门电路的延迟信息。

下面开始学习如何用 VHDL 来设计数字系统。

2.3 基本的 VHDL 模型结构

VHDL 的基本模型结构包含：设计实体、设计库和配置。本章介绍设计实体，在第 4 章再介绍设计库和配置。

2.3.1 设计实体

设计实体是 VHDL 中的基本单元和最重要的抽象，它把一个任意复杂度的模块视为一个单元，后者可以代表整个系统、1 块电路板、1 个芯片或者 1 个门电路，可以复杂到一个微处理器，也可以简单到一个逻辑门。

1 个设计实体由 1 个实体声明和若干个结构体组成。实体声明是设计实体的接口部分，它表示设计实体对外部的特征信息；结构体是设计实体的实现方案描述。1 个设计实体中的若干个结构体分别代表同一实体声明的不同实现方案。

2.3.2 实体声明

实体声明是 1 个设计实体的外部视图，包括实体名称、类属声明、端口声明和实体语句等信息。实体声明的一般格式如下：

```
ENTITY 实体名称 IS
  [ GENERIC (类属表);]
  [ PORT (端口表);]
[ BEGIN
  { 实体语句 }]
END [ ENTITY ][ 实体名称 ];
```

未用[ ]括起来的是必选项，而位于[ ]内则的是可选项。实体中可以出现的语句只能是被动进程语句（详见第 3.2.1 节的进程语句）。

在例 2-1 中给出了 1 位全加器的实体声明，其中主要包含该全加器的端口声明。

例 2-1′　一位全加器的实体声明

```
ENTITY full_adder IS                    -- 实体声明
  PORT (a, b, c_in: IN Bit;             -- 端口声明
        sum, c_out: OUT Bit);
END full_adder;
```

上述实体声明与图 2-1a 是相互对应的。由此可见，已知一个电路的逻辑框图，就可以写出对应的实体声明，反之亦然。

端口声明是描述设计实体的输入和输出特性的定义部分，它包括端口的信号名称、信号模式、信号类型和仿真初始值等信息。

PORT({[**SIGNAL**]{ 名称 }: [信号模式] 信号类型[**BUS**][:= 仿真初始值];});

其中名称指端口的信号名称，关键字 SIGNAL 可以省略，但信号名称必须使用合法的标识符（见第 2.4 节 VHDL 标识符）。当多个端口的信号模式和信号类型都相同时，可以一起声明多个端口。

信号模式表示端口的数据流向，有 5 种模式：IN（流入实体）、OUT（流出实体）、INOUT（时分复用双向端口）、BUFFER（带有反馈的输出端口，但限定该端口只能有一个驱动源）和 LINKAGE（无特定方向）。信号模式缺省时为 IN 模式，但建议不要使用缺省信号模式。

信号类型是指端口的数据类型（见第 2.6 节 VHDL 数据类型）；当某个输出端口与另外的实体输出端口直接相连时，应当声明关键字 BUS，同时将该端口设计为三态信号。

对于信号模式是 IN 和 INOUT 的端口，可以指定其仿真初始值，但要注意它可被会在综合之后产生锁存器，因此不推荐指定仿真初始值。如果不指定仿真初始值，则 VHDL 在仿真时会自动将该端口信号类型的最左值（属性为′Left 的值，见第 2.7 节 属性）作为仿真初始值。

建议在声明端口时，采用先输入后输出的声明顺序：

（1）时钟（clk）信号。

（2）复位（reset/reset_n）信号。

（3）允许/禁止（enables/disenables）信号。

（4）其他控制信号。

（5）地址/数据（address/data）信号。

例 2-2　Intel 8253 可编程计时器的实体声明

```
LIBRARY IEEE;
USE IEEE.Std_Logic_1164.ALL;
ENTITY Intel_8253 IS
```

```
    PORT (clk0, clk1, clk2: IN Std_Logic;
          cs_n, gate0, gate1, gate2: IN Std_Logic;
          rd_n, wr_n: IN Std_Logic;
          a: IN Std_Logic_Vector(1 DOWNTO 0);
          d: INOUT Std_Logic_Vector(7 DOWNTO 0);
          out0, out1, out2: OUT Std_Logic);
  END Intel_8253;
```

在例 2-2 中，地址总线和数据总线的宽度是固定不变的。当要描述一个可变的总线宽度时，使用类属声明则非常方便。

类属声明是设计者向设计实体传递的信息，包括数据通道宽度、信号宽度、实体中子元件的数目、实体的延迟特性和负载特性等静态信息。

GENERIC({[**CONSTANT**]{ 名称 }: [**IN**] 类属类型 [:= 缺省值];});

这里的名称是指类属名称，类属是静态数据，在仿真期间这些数据是常量，关键字 CONSTANT 可以省略。当多个类属的数据类型相同时，可以一起声明。

因为类属是设计者向设计实体传递的信息，所以类属的流向是流入实体，声明类属模式的关键字 IN 可以省略。

类属类型是指类属的数据类型，声明时可以指定类属的缺省值。

我们从下面的例子来看端口声明和类属声明的作用。在该例中，类属 n 是锁存器的位数，缺省值为 8。

例 2-3　高电平锁存的 n 位锁存器

```
ENTITY latch IS
  GENERIC (n: Positive := 8);
  PORT (eg: IN  Bit;
        d: IN  Bit_Vector(n-1 DOWNTO 0);
        q: OUT Bit_Vector(n-1 DOWNTO 0));
END latch;
ARCHITECTURE latch_eg OF latch IS
BEGIN
  PROCESS(eg)
  BEGIN
    IF eg='1' THEN
      q <= d;
      END IF;
  END PROCESS;
END latch_eg;
```

在例 2-3 中，我们可以通过改变类属 n 的值来构造一个任意位的高电平锁存器。在实体声明中，可以输入端口 d 和输出端口 q 的宽度，但这取决于类属 n 的大小。

为了描述的可重用性，在 VHDL 代码中尽可能不要使用立即数值，建议采用类属等常量类型声明。这样对于整个设计来说，只需要在很少的地方修改常量值（例如类属声明）即可，使设计更具有灵活性。类属应用的更详细的例子见第 5.1.3 节 D 触发器的结构描述。

2.3.3　结构体

结构体的功能是描述一个设计实体的电路结构，即描述该设计实体中电路元件之间的连接关系。除此之外其描述方式还可以有：

（1）描述该设计实体中电路模块的行为功能。

（2）描述数据在该设计实体中通过寄存器的传输和变换等。

同一描述方法的实现方案也可以有很多种，所以一个实体声明可以有多个结构体。

结构体的一般格式如下：

ARCHITECTURE 结构体名称 OF 实体名称 IS

　{ 声明语句 }　-- 结构体的局部数据环境

BEGIN

　{ 并行语句 }

END [ARCHITECTURE][结构体名称];

因为硬件系统中的各个元器件是并行工作的，在时间上没有先后顺序，所以结构体中的语句必须是并行语句。这些语句没有前后顺序之分，可以任意顺序书写。这非常类似于电路图的结构与画电路图时画元器件符号元先后顺序的情况。

图 2-2 为 2 选 1 多路选择器的逻辑电路图，它含有一个非门（U0）、3 个双输入端与非门（U1、U2、U3）和 4 个端口（a、b、c、out1）。

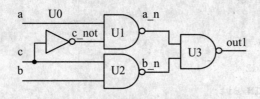

图 2-2　2 选 1 多路选择器逻辑图

下面是 2 选 1 多路选择器的 VHDL 描述。因为在结构描述中需要用到非门和双输入端与非门，所以在描述 2 选 1 多路选择器之前，先描述非门和双输入端与非门。

例 2-4　2 选 1 多路选择器

```
ENTITY inverter IS                    -- 非门的 VHDL 描述
  PORT(a: IN Bit;
b: OUT Bit);
END inverter;
ARCHITECTURE inv_arch OF inverter IS
BEGIN
```

```
  b <= NOT a;
END inv_arch;


ENTITY nand2 IS                    -- 双输入端与非门的 VHDL 描述
  PORT(a, b: IN Bit;
c: OUT Bit);
END nand2;
ARCHITECTURE nand2_arch OF nand2 IS
BEGIN
  c <= a NAND b;
END nand2_arch;


ENTITY mux IS                      -- 2 选 1 多路选择器的 VHDL 描述
  PORT(a, b, c: IN Bit;
out1: OUT Bit);
END mux;


ARCHITECTURE mux_arch1 OF mux IS          -- 结构描述
  SIGNAL a_n, b_n, c_not: Bit;
  COMPONENT inverter
    PORT(a: IN Bit;
b: OUT Bit);
  END COMPONENT;
  COMPONENT nand2
    PORT(a, b: IN Bit;
c: OUT Bit);
  END COMPONENT;
BEGIN
  U0: inverter PORT MAP(a => c, b => c_not);
  U1: nand2 PORT MAP(a => a, b => c_not, c => a_n);
  U2: nand2 PORT MAP(a => b, b => c, c => b_n);
  U3: nand2 PORT MAP(a => a_n, b => b_n, c => out1);
END mux_arch1;


ARCHITECTURE mux_arch2 OF mux IS            -- RTL 描述
```

```
BEGIN

  out1 <=(NOT c AND a) OR (c AND b);

END mux_arch2;


ARCHITECTURE mux_arch3 OF mux IS          -- 行为描述
BEGIN
  PROCESS(a, b, c)
  BEGIN
    IF c='0' THEN
      out1 <= a;
    ELSE
      out1 <= b;
    END IF;
  END PROCESS;
END mux_arch3;
```

从上面的例子可以看出，对于同一个设计实体，可以使用多种建模方式，这称为描述风格。最常用的描述风格是结构描述、数据流描述（也称之为 RTL 描述）和行为描述。对于较为复杂的设计，更多地采用由它们组合而成的混合描述。

结构描述与传统的逻辑图描述相对应，数据流描述（RTL 描述）与传统的逻辑表达式（或者布尔方程）描述相对应，而行为描述与传统的真值表（后者状态图）描述相对应。

例如结构体 mux_arch1 是结构描述，它描述了设计实体 mux 的硬件是如何构成的，即构成设计实体 mux 的各个元件之间的连接关系；结构体 mux_arch2 是数据流描述，它描述了设计实体 mux 的数据流向，即描述了数据如何从输入端口通过何种变换传输到输出端口，同时也隐含了设计实体 mux 的硬件结构；结构体 mux_arch3 是行为描述，它描述了设计实体 mux 的输出端口与输入端口之间的行为关系，但不包含任何结构信息。

比较上述 3 种描述风格可以发现，如果不是特别强调使用某种结构的器件来实现设计实体的话，则使用行为描述风格是较为简单的。

下面的例子是上升沿触发的 D 触发器的 VHDL 行为描述。

例 2-5　D 触发器的行为描述

```
ENTITY dff IS
    PORT (clk, d: IN Bit;
q, q_n: OUT Bit);
END dff;
ARCHITECTURE dff_bhv OF dff  IS
BEGIN
    PROCESS (clk)
```

```
        BEGIN
          IF clk'Event AND clk='1' THEN   -- clk 上升沿的描述
                q <= d;
                q_n <= NOT d;
          END IF;
        END PROCESS;
    END dff_bhv;
```

2.4 VHDL 标识符

在数字系统的 VHDL 描述中，实体、结构体、子程序、元件、对象、属性和语句标号等用户声明项，都必须用标识符来命名。VHDL 标识符是符合一定规则的字符序列，分为基本标识符和扩展标识符，其中扩展标识符是由 VHDL'93 中引入的。

2.4.1 基本标识符

VHDL 基本标识符是符合以下规则的字符序列：

（1）英文字母（a-z，A-Z）、阿拉伯数字（0~9）和下划线（_）。

（2）起始字符必须为英文字母。

（3）下划线的前后必须有英文字母或者阿拉伯数字。

（4）标识符不区分大小写。

例如 MUX、mux 和 Mux，都是同一标识符的不同形式。

某些标识符（例如 ENTITY、ARCHITECTURE、BEGIN 和 END 等），在 VHDL 中有固定的含义，是 VHDL 的保留字（在本书的例子中用黑体字表示，并且列于附录 A 中）。这些保留字不能用来命名用户声明项。

为了便于阅读 VHDL 文档，建议 VHDL 保留字使用大写字母，而用户声明的标识符使用小写字母或者大小写字母组合形式。为了保证 HDL 源代码的可移植性，建议在 VHDL 代码中不要使用 Verilog HDL 保留字，反之亦然。

建议用户在声明标识符时，尽量采用有意义的名称。例如，用 mem_addr 命名存储器地址。对于低电平有效的信号，以_b 或者_n 作为结尾，并在整个设计中一直采用这种命名规则。

在整个设计中，采用统一的时钟信号和复位信号名称。例如 clk 和 reset 或者 reset_n。对于来自同一时钟源但频率不同的时钟（由同一时钟源的不同分频得到），使用 clk1、clk2 等命名。

2.4.2 扩展标识符

为了免受 VHDL'87 对定义标识符的限制，在 VHDL'93 中引入了扩展标识符，使标识符的定义更为灵活。

扩展标识符由一对反斜线之间的任何字符序列构成。如果字符序列中还包含反斜线，则用双写的反斜线'作为一个字符。

扩展标识符取消了基本标识符中的所有限制：扩展标识符可以使用任何字符，可以任何字符开头，区分大小写。每一个扩展标识符与任何基本标识符都是不相同的，因此也不同于任何一个保留字。

例如：\ENTITY\和\entity\是两个不同的标识符，而且也不是保留字；MUX、\MUX\、\mux\和\Mux\是 4 个不同的标识符；\c:\\file\是由 7 个字符构成的扩展标识符 c:\file。

2.5 VHDL 对象

VHDL'87 中的对象有 3 类：信号、变量和常量，VHDL'93 把文件也作为 1 类对象，因此 VHDL'93 有 4 类对象。前面讨论的端口属于信号类，而类属则属于常量类。

采用常量类对象可以避免在 VHDL 代码中使用立即数值，便于修改 VHDL 描述，从而提高设计的灵活性。

对象声明的格式为：

对象种类 { 名称 }：对象类型 〔 := 缺省值 〕；

其中对象种类声明对象是哪一类对象，它可以是关键字 SIGNAL、VARIABLE、CONSTANT 或者 FILE。

名称是为对象命名的标识符，当多个对象的种类相同，而且数据类型也相同时，可以一起声明。

对象类型是指对象的数据类型。可以指定对象的缺省值，对于信号和变量的声明，如果没有指定缺省值，则对象的默认值取该对象数据类型的最小值或最左值。

信号与硬件中互连元件端口的"连线"相对应。赋给信号的值必须是在某一事件发生并经过一段时间延迟之后，才能成为当前值；而变量在硬件中没有明确的对应物，赋给变量的值是立即发生的，变量是为了便于设计实体的行为描述而定义的暂存区只用于对数据的暂时存储，在设计实体的结构描述中是不可见的。

下面的例子是对一个 D 型触发器的 VHDL 描述，但对其综合之后的结果却大不相同，注意比较结构体 bhv1、bhv2 和 bhv3 的差别。

例 2-6　D 型触发器的 3 种不同描述

```
ENTITY dff_1 IS
    PORT (clk, d: IN Bit;
q: OUT Bit);
END dff_1;
ARCHITECTURE bhv1 OF dff_1 IS
BEGIN
    d1:PROCESS (clk)
```

```
                VARIABLE a: Bit;            -- a 声明为变量
            BEGIN
                IF clk'Event AND clk='1' THEN
                        a := d;             -- 在该进程中变量a没有实际意义, 引入它的
                        q <= a;             -- 目的是为了与后面的设计实体作比较
                END IF;
        END PROCESS d1;
    END bhv1;


    ENTITY dff_2 IS
        PORT (clk, d: IN Bit;
    q: OUT Bit);
    END dff_2;
    ARCHITECTURE bhv2 OF dff_2 IS
        SIGNAL a: Bit;              -- a 声明为信号
    BEGIN
        d2:PROCESS (clk)
        BEGIN
            IF clk'Event AND clk='1' THEN
                    a <= d;
        END IF;
            END PROCESS d2;
        q <= a;
    END bhv2;


    ENTITY dff_3 IS
        PORT (clk, d: IN Bit;
    q: OUT Bit);
    END dff_3;
    ARCHITECTURE bhv3 OF dff_3 IS
        SIGNAL a: Bit;                  -- a 声明为信号
    BEGIN
        d3:PROCESS (clk)
        BEGIN
            IF clk'Event AND clk='1' THEN
```

```
                a <= d;

                q <= a;

            END IF;


    END PROCESS d3;

END bhv3;
```

其中 dff_1、dff_2 和 dff_3 综合后的差别如图 2-3 所示。

图 2-3 变量与信号综合后的不同表现

在 dff_1 中，变量 a 在硬件上没有对应实物存在，因此在综合时只是传递了一个 Bit 型的逻辑值，物理上综合不出元件。在该例中变量 a 也没有实际意义。通常只有在需要临时保存数据值的时候，才使用该变量。

但在 dff_2 和 dff_3 中，信号 a 在硬件上是物理存在的。

在 dff_2 中，信号赋值语句 q <= a 与信号 clk 无关，与进程语句 d2 是并行关系，所以语句 q <= a 被综合为一个缓冲器。

在 dff_3 中，因为信号 a 和 q 的值都被 clk 上升沿激活而改变，所以它们变成两个 D 触发器的级联。与 dff_2 相比，信号 d 在输出端比 q 的反应要晚一个 clk 周期。

2.6 VHDL 数据类型和子类型

前面讨论对象声明格式时，曾提到过对象的数据类型。VHDL 含有范围很宽的数据类型，用它们可以建立从简单到复杂的各种数据类型的对象，使得 VHDL 能够在更高的抽象层次上描述对象和创建算法模型。

VHDL 的数据类型有 4 大类：标量类型、复合类型、存取类型和文件类型。标量类型包括整数类型、实数类型、枚举类型和物理类型 4 种；复合类型包括数组和记录两种；存取类型等价于指针类型，只有变量才可以被声明为存取类型，它被用于在对象之间建立联系，或者为对象分配抑或释放存储空间，通常很少用到存取类型；文件类型用于定义代表文件的对象。

由于标量类型和复合类型是常用的数据类型，所以我们将在后面章节中详细讨论这两种类型。讨论之前，我们先看看与数据类型有关的"文字"。

2.6.1 文字

文字是一种具有"值"的符号，它既不同于保留字，也不同于运算符。VHDL 有

6 类文字：整数、实数（也称浮点数）、字符、字符串、位串和物理量。

整数与实数的差别在于整数中不含小数点，而实数中含有小数点。它们可以用二进制、四进制、八进制、十进制和十六进制等任意进制来表示，而且可以在任意两个相邻的数字之间插入下划线，这大大增强了其可读性，但并不影响数值的大小。这一点与标识符有着本质的区别，在一个标识符的任意两个字符中插入下划线，则声明了一个不同于这个标识符的新标识符。

表 2-1 和表 2-2 分别为整数和实数文字的例子。

表 2-1　整数文字

示例	说明
0	
12345678	
10E5	$10×10^5$
2E8	$2×10^8$
2#11111111#	二进制整数
2#1111_1111#	与上面一个文字等价
8#777#	八进制整数
16#FF#	十六进制整数

表 2-2　实数文字

示例	说明
0.0	
123456.999999	
123_456.999_999	与上面一个文字等价
1.234E+2	十进制实数
16#F.FFF#E+2	十六进制实数

字符文字是用单引号括起来的单个 ASCII 字符，例如'A'、'/'等。

字符串文字则是用双引号括起来的一串 ASCII 字符，例如"abc"、"1234"等。

位串字符是以进制声明符 B、O 或 X 为前导，用双引号括起来的二进制、八进制或十六进制数字序列，但这些数字只限于 0～9 和 a-f（A-F 与之等价）之间。为了增强其可读性，可以在相邻的数字之间插入下划线。

表 2-3 是位串文字的例子。

表 2-3　位串文字

示例	说明
B"1010_1010"	位串长度为 8
O"377"	位串长度为 9，等价于 B"011_111_111"
X"5F5"	位串长度为 12，等价于 B"0101_1111_0101"

物理文字是由整数或者实数文字与表示物理单位的标识符组成，例如 3.5 ns、20 pf、15.0 kohm 等。

2.6.2　标量类型

标量类型是最基本的数据类型，它包括整数、实数、枚举和物理类型 4 种。

标量类型声明的格式如下：

TYPE 类型名称 **IS** 值域;

例如：

TYPE address **IS RANGE** 15 **DOWNTO** 0;　　　　　　　-- 整数类型

TYPE analog **IS RANGE** 0.0 **TO** 5.0;　　　　　　　　-- 实数类型

TYPE Bit **IS**('0', '1');　　　　　　　　　　　-- 枚举类型

TYPE Week **IS**(Sun, Mon, Tue, Wed, Thu, Fri, Sat);　-- 枚举类型

TYPE voltage **IS RANGE** 0 **TO** 10E12　　　　　　　　-- 物理类型

　　UNITS

　　Uv;　　　　　-- 基本单位

　　mv = 1000 uv; -- 次级单位，是基本单位的整数倍

　　v = 1000 mv;

　　kv = 1000 v;

　　END UNITS;

建议在描述整数类型或者整数类型的数组下标时，采用由高位至低位的排列顺序，例如 x′ High DOWNTO x′ Low。

VHDL 在标准（STANDARD）程序包中含的预定义标量类型有整数类型 Integer、实数类型 Real、枚举类型 Bit、Boolean、Character 和 Severity_Level 以及物理类型 Time，见第 7.1.1 节。

为了能够适应不同的工艺要求和较为完整地描述信号的状态，EDA 厂商定义了比 Bit 类型更丰富的枚举类型 Std_ULogic：

TYPE Std_ULogic **IS** ('U', 'X', '0', '1', 'Z', 'W', 'L', 'H', '-');

Std_ULogic 类型定义了 9 种逻辑数据值，因此也简称 9 值逻辑：

- 'U'　未初始化值，系统电压建立（上电）时的初始值；
- 'X'　强未知值，强逻辑 0 遭遇强逻辑 1 的结果；
- '0'　强逻辑 0，简称逻辑 0；
- '1'　强逻辑 1，简称逻辑 1；
- 'Z'　高阻值，三态门处于高阻态；
- 'W'　弱未知值，弱逻辑 0 遭遇弱逻辑 1 的结果；
- 'L'　弱逻辑 0，下拉；
- 'H'　弱逻辑 1，上拉；
- '-'　无关，不可能值。

通常我们使用 Std_ULogic 类型的决断子类型 Std_Logic：

SUBTYPE Std_Logic **IS** Resolved Std_ULogic;

有关决断子类型的概念，将在后续章节中介绍。

虽然 Std_Logic 类型的引入丰富了信号的描述，但 VHDL 综合器并不支持所有 9 种逻辑值。通常只有′0′、′1′、′Z′和′-′（有些综合器将′X′认为是无关态）是可以被综合的。

EDA 厂商在程序包 Std_Logic_1164 中对枚举类型 Std_Logic 进行了定义。必须在实体声明之前使用 LIBRARY 子句和 USE 子句声明程序包 Std_Logic_1164 及其所在的设计库之后，才能引用 Std_Logic 类型。

有关 LIBRARY 子句和 USE 子句的用法，见第 4 章的内容。

由于任何一个设计实体都有可能成为另一个设计实体中的一个电路模块，为了便于不同设计实体之间的相互连接，建议每个设计实体的端口类型都采用 IEEE 标准类型 Std_Logic，而且在一个设计实体中，尽量只使用 IEEE 标准类型 Std_Logic，而不要将其与 Bit 类型混用。

在下面的例子中，4 位二进制计数器的输出端口 q 的数据类型被声明为 Std_Logic 类型。因为在赋值语句中有表达式 q+1，所以 q 的信号模式不能声明为 OUT，而被声明为 BUFFER，即带有内部反馈的输出端口。而且运算符+被程序包 Std_Logic_Unsigned 声明（见第 7.2.3 节），因此在实体声明之前，声明了相关的 LIBRARY 子句和 USE 子句。

例 2-7　4 位二进制加法计数器

```
LIBRARY IEEE;
USE IEEE.Std_Logic_1164.ALL;
USE IEEE.Std_Logic_Unsigned.ALL;
ENTITY cnt4 IS
    PORT (clk: IN Std_Logic;
          q: BUFFER Std_Logic_Vector(3 DOWNTO 0));
END cnt4;
ARCHITECTURE bhv OF cnt4 IS
BEGIN
    PROCESS (clk)
    BEGIN
        IF clk'Event AND clk='1' THEN   -- clk上升沿的描述
          q <= q+1;
        END IF;
    END PROCESS;
END bhv;
```

其中，因为输出端口 q 具有内部反馈，因此信号模式为 BUFFER。但 BUFFER 类型的输出端口的驱动能力往往不够强，因为一个端口的扇出系数是一定的，如果被内部反馈占用一部分，其驱动能力必然下降。在这种情况下，通常运用增加一个驱动器的方法来解决问题。

例 2-7′　4 位二进制加法计数器的另一种描述

```
LIBRARY IEEE;
USE IEEE.Std_Logic_1164.ALL;
USE IEEE.Std_Logic_Unsigned.ALL;
ENTITY cnt4 IS
    PORT (clk: IN Std_Logic;
          q: OUT Std_Logic_Vector(3 DOWNTO 0));
END cnt4;
ARCHITECTURE bhv OF cnt4 IS
    SINGNAL q1: Std_Logic_Vector(3 DOWNTO 0);
BEGIN
    PROCESS (clk)
    BEGIN
      IF clk'Event AND clk='1' THEN
                                  q1 <= q1+1;
      END IF;
    END PROCESS;
    q <= q1;
END bhv;
```

2.6.3　复合类型

复合类型包括数组和记录。数组是同构复合类型，它所声明的数据是同一类型值的集合；记录是异构复合类型，它所声明的数据可以是不同类型值的集合。

数组可以是一维或者多维的，每一维下标的类型必须是离散类型（每一维下标的类型与数组元素类型的意义是不同的）。如果指定每一维下标的范围和方向（即指定了数组下标的上下边界），则其为限定性数组，否则为非限定性数组。

注意：虽然 VHDL 仿真器支持多维数组，但 VHDL 综合器只支持一维数组。

声明数组类型的一般格式如下：

TYPE 数组名称 **IS　ARRAY** 下标范围 **OF** 元素类型;

下面是声明数组类型的例子：

TYPE Byte **IS ARRAY**(7 **DOWNTO** 0) **OF** Bit;　-- 限定性数组

TYPE Address **IS RANGE** 65535 **DOWNTO** 0;　-- 整数类型

TYPE Element **IS ARRAY**(Address) **OF** Byte;　-- 限定性数组

```
TYPE Colors IS ( Black, Blue, Green, Cyan, Red, Magenta, Brown, LightGray,
DarkGray, LightBlue, LightGreen, LightCyan, LightRed, LightMagenta, Yellow,
White);
    TYPE Row IS RANGE 479 DOWNTO 0;
    TYPE Column IS RANGE 639 DOWNTO 0;
    TYPE Pixel IS ARRAY(Row, Column) OF Colors;
```

-- 其中 Colors 是 Pixel 的类型，Row 和 Column 分别是第一和第二维下标的类型

```
    TYPE Bit_Vector IS ARRAY(Natural RANGE <>) OF Bit; -- 非限定性数组
```

-- 其中 Bit_Vector 的类型是 Bit，下标的类型是自然数 Natural，其定义第 2.6.4 节

对数组的访问，可以访问整个数组，也可以访问数组中的某个元素，访问数组中的元素时要注意下标。

下面是访问数组的例子：

```
VARIABLE y, z: Byte;
VARIABLE Odd: Bit;
y := "10100101";
y (7) := '0';
z := y;
Odd := z(7) XOR z(6) XOR z(5) XOR z(4) XOR z(3) XOR z(2) XOR z(1) XOR z(0);
```

记录可以声明相同或者不同类型的元素，每个元素有不同的名称。声明记录类型的一般格式如下：

```
TYPE 记录名称 IS
    RECORD {元素名称：元素类型;}
END RECORD;
```

当记录类型中的每个元素都为标量类型时，称之为线性记录类型；否则为非线性记录类型。只有线性记录类型的对象才可以被综合的。

下面是声明记录类型的例子：

```
TYPE Memory IS RECORD
    Address: RANGE 16#FFFFF# DOWNTO 16#00000#;
    Data: Byte;
END RECORD;
TYPE Char IS RECORD
    Ascii: Character;
    Color: Colors;
    Row: RANGE 23 DOWNTO 0;
    Col: RANGE 79 DOWNTO 0;
END RECORD;
```

对记录进行访问时要注意与元素的关联，可以访问整个记录，也可以访问记录中的某个元素。下面是访问记录的例子：

```
VARIABLE a: Char;
a := ('A', LightGray, 1, 3);                          -- 与元素位置相关联
a := (Ascii=> 'A', Row=> 1, Col=> 3, Color=> LightGray);    与元素名称相关联
```

建议在 VHDL 代码中采用与元素名称相关联的描述方式。

```
a.Row := 1;   -- 每个元素分别赋值，与上面的整体赋值等价
a.Col := 3;
a.Ascii := 'A';
a.Color := LightGray;
```

2.6.4　子类型

当某一对象的值域是某个类型声明所定义的值域的子集时，为了增加可重用性，而不声明太多的新类型，VHDL 提出了子类型的概念。子类型只对其基本类型（也称父类型）的值域加以限制，而不是一种新的类型，因此子类型和其父类型完全兼容，同一父类型的各子类型也相互兼容。子类型的对象可以将其值直接赋给父类型的对象，而父类型的对象，只要其值未超出子类型声明的范围，也可以将其值直接赋给子类型的对象。这一特性可以类推到同一父类型的各子类型之间。

虽然子类型有上述优点，但为了增强 VHDL 代码的易读性，除非必要，建议在设计中不要创建过多的子类型。

子类型声明的一般格式如下：

SUBTYPE 子类型名称 **IS** 基本类型值域的子集;

下面是标准程序包中的两个子类型声明的例子：

TYPE Integer **IS RANGE** -2147483647 **TO** +2147483647;

SUBTYPE Natural **IS** Integer **RANGE** 0 **TO** Integer'High;

SUBTYPE Positive **IS** Integer **RANGE** 1 **TO** Integer'High;

假如我们声明了下面的两个整数类型和两个信号：

```
TYPE Int_1 IS RANGE 63 DOWNTO 0;
TYPE Int_2 IS RANGE 15 DOWNTO 0;
SIGNAL a: Int_1;
SIGNAL b: Int_2;
```

则如下信号赋值是非法的，因为 Int_1 与 Int_2 是不同的整数类型：

```
a <= b;
```

如果将 Int_2 声明为 Int_1 的子类型：

```
TYPE Int_1 IS RANGE 63 DOWNTO 0;
SUBTYPE Int_2 IS Int_1 RANGE 15 DOWNTO 0;
```

```
SIGNAL a: Int_1;
SIGNAL b: Int_2;
```
则下面的信号赋值就是合法的。
```
a <= b;
```

2.6.5 类型转换

VHDL 中的每一个对象都只能有一种类型，其取值范围也只能是该类型声明所指定的范围。如果在赋值时对象的类型和值的类型不一致，则必须对该值的类型进行转换。

通常用函数或者常数来实现类型转换。VHDL 预定义了部分类型转换函数，在有些书籍中，将调用这些预定义函数进行类型转换的方法称之为类型标记。

例如，已声明变量 i 和 r:

VARIABLE i: Integer;

VARIABLE r: Real;

则下面的赋值是合法的:

```
r := Real(i);

i := Integer(r);
```
常数也可用于类型转换，而且与利用函数进行类型转换相比，其仿真效率更高。

例 2-8 利用常数将 Std_Ulogic 类型的值转换成 Bit 类型的值

```
LIBRARY IEEE;
USE IEEE.Std_Logic_1164.ALL;
ENTITY type_conv IS
  PORT(s: IN Std_Ulogic;
          b: OUT Bit);
END type_conv;
ARCHITECTURE arch OF type_conv IS
  TYPE typeconv_typ IS ARRAY(Std_ULogic) OF Bit;
  CONSTANT typeconv_con: typeconv_typ := ('0'|'L' => '0',
                          '1'|'H' => '1',
                          OTHERS => '0');
BEGIN
  b <= typeconv_con(s);
END;
```
利用函数进行类型转换的例子，将在第 4.1.1 节中介绍。

2.7 属性

属性是某一项目的特征，一个项目可以有多个属性。如果某一项目的某个属性具有一个值的话，那么可以通过属性名来访问这个值。

属性名的一般形式如下：

项目名'属性标识符

在 VHDL 中，下列项目可以具有属性：

- 类型，子类型；
- 信号，常量；
- 实体，结构体，配置，程序包；
- 过程，函数；
- 元件；
- 语句标号。

VHDL 预定义了一些属性，同时也容许用户应用 ATTRIBUTE 语句自定义项目的属性。但 VHDL 的综合器只支持 VHDL 和 EDA 厂商预定义的部分属性，而不支持用户自定义的属性。

下面是应用 VHDL 预定义属性的一些例子，VHDL 在标准程序包中声明了整数类型 Integer 及其子类型 Natural：

TYPE Integer **IS RANGE** -2147483647 **TO** +2147483647;

SUBTYPE Natural **IS** Integer **RANGE** 0 **TO** Integer'High;

整数类型 Integer 的上下边界以及子类型 Natural 的左右边界都可以由以下属性得到：

```
Integer'High = 2147483647;          -- Integer 类型的上边界

Integer'Low = -2147483647;          -- Integer 类型的下边界

Natural'Left = 0;                   -- Natural 子类型的左边界

Natural'Right = 2147483647;         -- Natural 子类型的右边界

Natural'Base'Left = -2147483647;    -- Natural 子类型之基类型 Integer 的左边界
```

如果声明一个整数类型 timer_type 和一个 timer_type 类型的变量 timer：

TYPE timer_type **IS RANGE** 0 **TO** 31;

VARIABLE timer: timer_type;

则可以用以下属性完成对变量 timer 的清零、赋值、+1 和-1 操作。

```
timer := timer_type'Left;          -- timer := 0

timer := timer_type'Val(15);       -- timer := 15

timer := timer_type'RightOf(timer);  -- timer := timer+1

timer := timer_type'Pred(timer);   -- timer := timer-1
```

如果声明一个数组类型 Byte：

TYPE Byte **IS ARRAY**(7 **DOWNTO** 0) **OF** Bit; -- 限定性数组

则可以通过以下属性得到：

```
Byte'Left = 7;                     -- 数组 Byte 的下标左边界

Byte'Right = 0;                    -- 数组 Byte 的下标右边界

Byte'High = 7;                     -- 数组 Byte 的下标上边界
```

Byte'Low = 0;   -- 数组 Byte 的下标下边界

Byte'Length = 8;   -- 数组 Byte 的下标个数

Byte'Range = 7 **DOWNTO** 0;   -- 数组 Byte 的下标变化范围

Byte'Reverse_Range = 0 **TO** 7;   -- 数组 Byte 的下标的倒序变化范围

与变量不同，信号除了具有当前值之外，还具有很多属性。如果声明一个信号：

SIGNAL enable: Std_Logic; -- 声明 enable 是一个 Std_Logic 类型的信号

则有：

enable'Event = Ture; -- 在当前仿真周期中信号 enable 的值发生了变化（发生事件）

enable'Active = Ture; -- 在当前仿真周期中信号 enable 发生了赋值操作（发生事项处理）

enable'Last_Event = 时间值; -- 从信号 enable 最近一次发生事件到当前仿真周期所经历的时间

enable'Last_Active = 时间值; -- 从信号 enable 最近一次发生事项处理到当前仿真周期所经历的时间

enable'Last_Value = 与 enable 相同类型的信号值; -- 该属性返回最近一次发生事件之前信号 enable 的值

enable'Delayed(T) = 与 enable 相同类型的信号值; -- 该属性返回信号 enable 延迟 T 时间之后的信号值。如果 T = 0ns，则返回信号 enable 在下一个仿真周期的值

enable'Stable(T) = Ture; -- 信号 enable 在最近 T 时间内信号值未发生变化（事件）。如果 T = 0ns，则该属性值在信号 enable 发生事件的仿真周期中为 False

enable'Quiet(T) = Ture; -- 信号 enable 在最近 T 时间内未发生赋值操作（事项处理）。如果 T = 0ns，则该属性值在信号 enable 发生事项处理的仿真周期中为 False

enable'Transaction = Bit 类型的信号值; -- 每当信号 enable 发生事项处理时，该 Bit 信号的值发生一次变化

VHDL'93 还预定义了属性'Driving_Value，该属性返回 OUT 或者 INOUT 端口的信号驱动值。这样本来不能出现在表达式中的输出端口信号，就可以通过属性'Driving_Value 得到信号值，并可以出现在表达式中，但目前只有较少的仿真器支持该属性。

在下面这个带有异步清零功能的 8D 锁存器的例子中，我们来观察 VHDL 是如何通过信号 clk 的属性 clk'Event 检测到 clk 的上升沿的。

例 2-9　带有异步清零功能的 8D 锁存器

```
ENTITY d_latch IS
  PORT (clear, clk: IN Bit;
          d: IN Bit_Vector(7 DOWNTO 0);
          q: OUT Bit_Vector(7 DOWNTO 0));
END d_latch;
ARCHITECTURE latch_event OF d_latch IS
```

```
BEING

  p1：PROCESS(clear, clk)

  BEGIN

    IF clear = '0' THEN

      q <= "00000000";

    ELSIF (clk'Event AND clk='1') THEN      -- clk 上升沿的描述

      q <= d;

    END IF;

  END PROCESS p1;

END latch_event;
```

VHDL 为用户预定义的属性详见附录 B。

2.8　运算符与聚合赋值

　　VHDL 运算符就是在表达式中代表规定运算操作的符号，VHDL 预定义的运算符可分为 4 类：算术运算符、关系运算符、逻辑运算符和连接运算符，如表 2-4 所示。

　　各运算符的优先级，从高到低的顺序如下：

```
**  ABS  NOT                        -- 优先级最高
*  /  MOD  REM
+（正）-（负）
+（加）-（减）&
SLL  SLA  SRL  SRA  ROL  ROR
=  /=  <  <=  >  >=
AND  OR  NAND  NOR  XOR  XNOR      -- 优先级最低
```

表 2-4　VHDL 运算符

分类	运算符	功能
一元算术运算	ABS	取绝对值
	+	正
	-	负
二元算术运算	+	加
	-	减
	*	乘
	/	除
	MOD	取模
	REM	取余
	**	乘方
	SLL	逻辑左移
	SRL	逻辑右移

分类	运算符	功能
	SLA	算术左移
	SRA	算术右移
	ROL	逻辑循环左移
	ROR	逻辑循环右移
关系运算	=	相等
	/=	不等
	<	小于
	<=	小于等于
	>	大于
	>=	大于等于
一元逻辑运算	NOT	非
二元逻辑运算	AND	与
	OR	或
	XOR	异或
	NAND	与非
	NOR	或非
	XNOR	同或
连接运算	&	连接

2.8.1　算术运算符

在算术运算符中，取绝对值（ABS）、正（+）和负（-）都是一元运算，其余均为二元运算。

取绝对值（ABS）、正（+）、负（-）的操作数可以是任何数值类型（整数、实数和物理量），其结果的数值类型不变。实际上取正（+）运算不会使操作数发生任何改变。

加（+）、减（-）、乘（*）、除法（/）的操作数也可以是任何数值类型。参加加、减运算的操作数类型必须相同，其结果的数值类型也相同；参加乘、除运算的操作数可以同为整数或者同为实数类型，其结果的数值类型不变；物理量可以被整数或者实数相乘或相除，其结果仍为相同类型的物理量；物理量可以除以同一类型的物理量，但其结果为整数类型。

取模（MOD）和取余（REM）运算的操作数只能是整数类型，结果也为整数类型，取模的结果符号与右操作数相同，取余的结果符号与左操作数相同。如果要使表达式被综合，参与取模和取余运算的操作数应当是 2 的整数次幂。

乘方（**）运算的左操作数可以是整数或实数类型，但右操作数必须是整数类型，结果的类型与左操作数相同；只有当左操作数为实数类型时，右操作数才可以为负整数。

　　4 个移位运算符（SLL、SRL、SLA、SRA）和两个循环移位运算符（ROL、ROR）是 VHDL'93 引入的新运算符，其移位运算如图 2-4 所示。

　　左操作数必须是元素类型为 Bit 或者 Boolean 的一维数组，右操作数必须是整数类型，结果的类型与左操作数类型相同；移位次数为右操作数的绝对值，该值为 0 时，无任何动作。对于两个逻辑移位运算（SLL 和 SRL）中的填充值，可定义为数组元素类型的属性'Left 的值；对于 Bit_Vector 类型，其填充值为'0'；对于 Boolean 类型，填充值为 False。

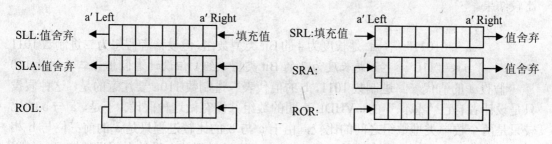

图 2-4　移位运算符操作示意图

2.8.2　逻辑运算符

　　在逻辑运算中，除了 NOT 是一元运算以外，其余均为二元运算。逻辑运算的操作数为 Bit 或者 Boolean 类型，结果的类型不变；操作数也可以是元素类型为 Bit 或者 Boolean 的、同样长度的一维数组，运算被施加于每个数组的相应元素，结果为长度相同的数组。

　　在 VHDL 逻辑运算表达式中，没有通常软件编程语言中运算左到右的优先顺序。因此，在一个逻辑表达式中，必须使用括号把多个逻辑运算符结合在一起。只有当一个逻辑表达式中仅有多个 AND 或者 OR、XOR、XNOR 运算符，且改变运算顺序不会导致结果的改变时，才可以省略括号。

　　下面是一些合法和非法的逻辑表达式例子：

```
r <= a AND b AND c;            -- 合法
r <= a OR b OR c;              -- 合法
r <= a XOR b XOR c;            -- 合法
r <= a XNOR b XNOR c;          -- 合法
r <= (a AND b) OR (NOT c AND d); -- 合法，NOT 运算比其他逻辑运算的优先权高
r <= a NAND b NAND c;          -- 非法
r <= a NOR b NOR c;            -- 非法
r <= a AND b OR c;             -- 非法
```

2.8.3　关系运算符

　　6 个关系运算（=、/=、<、<=、>、>=）均为二元运算，其左、右操作数类型必须相同，运算结果为 Boolean 类型。

等号和不等号的操作数可以是除文件类型以外的任何数据类型，其他关系运算符的操作数必须是标量类型，或者是元素类型为离散类型（整数类型或枚举类型）的一维数组。

当操作数是一维数组时，左、右操作数的位长度可以不同，因为比较过程是从左到右逐位进行比较的。对两个数组中长度较短的数组的所有位比较完毕后，比较过程结束，所以其比较结果实际上是长度较短的数组与长度较长的数组的左边一部分位的比较结果。

例如：

    a<="1011"; -- a 是长度为 4 的 Bit 类型数组，但设计者假想为二进制数 1011
    b<="110";   -- b 是长度为 3 的 Bit 类型数组，但设计者假想为二进制数 110

假设 a 的值代表二进制数 1011，b 的值代表二进制数 110。要注意的是，这种假设只是设计者自己"想像"的，VHDL 声明的数组并没有做这种假设。于是，a 与 b 的比较只是两个枚举类型数组之间的比较，由于 a 与 b 的比较过程只是 a 的前三位与 b 相比较，因此会出现 a > b 的比较结果为 False，这显然不符合设计者假设的情况。如果一维数组的含义同时还代表整数值，就必须对关系运算进行重新声明。

EDA 厂商 Synopsys 公司在程序包 Std_Logic_Unsigned 中对一维数组 Std_Logic_Vector 的关系运算进行了重新声明，使其可以对代表整数值含义的一维数组进行正确的关系运算，而且此时一维数组还可以与整数进行关系运算。只是注意必须在设计实体中使用 LIBRARY 子句和 USE 子句来声明程序包 Std_Logic_Unsigned 及其所在的设计库后，才能进行正确的关系运算（有关 LIBRARY 子句和 USE 子句的用法，见第 4 章的内容）。

在关系运算符中，小于或等于号<=与赋值号<=形式相同，但意义完全不同。赋值号<=不是运算符，不会出现在表达式中，因此可以根据<=出现的位置来判断它是小于或等于号还是赋值号。

2.8.4　连接运算符

连接运算（&）是二元运算，用于一维数组的连接，其操作过程是将右操作数连接在左操作数后面，结果形成一个新的一维数组。因此，既可以是两个一维数组相连（要求 2 个数组的类型相同），也可以是一个一维数组与一个新元素相连（要求新元素的类型与数组元素的类型相同），还可以是两个单个元素连接形成数组（要求两个元素的类型相同）。

假设 a 和 b 是两个 Bit 类型的信号，它们有 4 种组合形式：

```
SIGNAL a, b: Bit;
a = '0' AND b ='0'    -- 未使用连接运算符的表达方式
a = '0' AND b ='1'
a = '1' AND b ='0'
a = '1' AND b ='1'
```

应用连接运算符&来表示则会简洁得多：

```
a&b = "00"            -- 使用连接运算符的表达方式
a&b = "01"
a&b = "10"
a&b = "11"
```

例如 IF 语句中的布尔表达式为：

```
IF a = '1' AND b ='0' THEN …
```

可以表示为：

```
IF a&b = "10" THEN …
```

2.8.5 聚合赋值

当给一个数组中的元素赋予相同的值，特别是这个数组较大时，使用聚合赋值来描述非常方便。

例如，欲给一维数组 a: Std_Logic_Vector(7 **DOWNTO** 0)赋值″00000000″，可以用下面 4 种方法中的任意一种：

```
a <= "00000000";
a <= (0, 0, 0, 0, 0, 0, 0, 0);
a <= '0'&'0'&'0'&'0'&'0'&'0'&'0'&'0';
a <= (OTHERS =>'0');              -- 聚合赋值
```

如果要给一维数组 a 赋值″01100000″，则可以用下面 4 种方法中的任意一种：

```
a <= "01100000";
a <= (0, 1, 1, 0, 0, 0, 0, 0);
a <= '0'&'1'&'1'&'0'&'0'&'0'&'0'&'0';
a <= (6 =>'1', 5 =>'1', OTHERS =>'0');         -- 聚合赋值
```

如果要给二维数组 b 赋值全′0′，也可以用聚合赋值来实现。

```
b <= (OTHERS => (OTHERS =>'0'));
```

可以看出，当数组较大时，聚合赋值方式的优点就显现出来了。需要注意的是，在聚合赋值中 OTHERS 声明只能放在最后。

2.9 本章小结

本章主要介绍了硬件描述语言 VHDL 的一些基本知识和概念。在进一步学习 VHDL 的语句之前，用一些简单示例展示了用 VHDL 描述数字系统的奥妙，为下一步深入学习奠定了基础。

本章的重点内容如下：

（1）硬件描述语言的优点。

（2）VHDL 的模型结构。

● 实体　端口声明、类属声明。

● 结构体　行为描述、数据流描述、结构描述三种描述风格。

（3）VHDL 的标识符——基本标识符、扩展标识符。

（4）VHDL 的对象——信号、变量、常量、对象，信号与变量的区别。

（5）VHDL 的数据类型。

● 标量类型　整数类型、实数类型、枚举类型、物理类型。

● 电路中常用的枚举类型　Std_Logic 决断子类型。

● 复合类型　数组类型、记录类型。

（6）VHDL 的属性——运用预定义属性的技巧。

（7）VHDL 的运算符。

2.10 习题

1. 与传统的描述方法相比，硬件描述语言主要有哪些优点？

2. 目前被 IEEE 接受的硬件描述语言有哪几种？

3. 在 VHDL 的设计实体中，实体声明与结构体声明的区别是什么？它们之间是什么关系？为什么多个结构体声明可以与一个实体声明关联？

4. 请画出与下列实体声明对应的逻辑图：

```
LIBRARY IEEE;

USE IEEE.Std_Logic_1164.ALL;

ENTITY buf IS

    PORT(en: IN Std_Logic;

        a: IN Std_Logic_Vector(7 DOWNTO 0);

        y: OUT Std_Logic_Vector(7 DOWNTO 0));

END buf;
```

5. 图 2-5 是一个同步 FIFO 的逻辑框图，请写出它的实体声明。

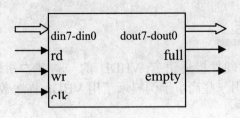

图 2-5　同步 FIFO 逻辑框图

6. 在端口声明中，输出端口（OUT）与缓冲端口（BUFFER）的区别是什么？双向端口（INOUT）与缓冲端口（BUFFER）的区别是什么？

7. 在描述一个设计实体的结构体时，一般有哪几种描述风格？这些描述风格与传统的描述方式有什么关联？

8. VHDL 的基本标识符由什么规则限制？扩展标识符与基本标识符的形式是什么，区别体现在什么地方？

9. 在 VHDL 中，信号与变量的主要区别是什么？

10. 枚举类型 Std_ULogic 中列举的 9 个逻辑值，分别描述了电路中的哪些情况？

11. VHDL 中的仿真器是否支持多维数组和非线性记录？综合器是否支持多维数组和非线性记录？

12. 结合 VHDL 的类型与子类型的关系，举例说明 VHDL 是强类型语言，以及在硬件电路中的体现。

13. 在 VHDL 中，类型转换起什么作用？类型转换在硬件上要付出什么代价？

14. 如何判断一个 Bit 类型信号的上升沿？信号的属性在其中起什么作用？变量是否有属性？

15. 当表达式中存在多个运算符时，应当如何确定运算顺序？

16. 在 VHDL 描述中使用聚合赋值有什么优点？

第3章 VHDL 基本语句

★ 学习目标

本章主要介绍硬件描述语言 VHDL 的语句，使读者了解 VHDL 不仅可以描述硬件电路的行为功能、逻辑关系、电路结构，而且它还是一个面向划分和验证的描述语言。通过对不同描述方法综合结果的差异比较，引导读者学习如何编写具有可读性、可重用性和可综合的 VHDL 代码。

学习重点	仿真与延迟	进程语句与顺序语句
	仿真与延迟	并行语句

3.1 仿真与延迟

VHDL 语言面向所有的 EDA 工具，因此它也是面向仿真的语言。使用 VHDL 不仅可以方便地进行描述设计，而且它还提供了很强的仿真能力。在 VHDL 中，有一些语句就是为了进行仿真而设置的，在数字系统的设计过程中，可以利用 VHDL 的仿真功能进行设计验证。为了能够充分理解 VHDL 语句的功能和语法，先简要介绍一些与仿真有关的概念。

在第 1 章中已经提到，为了验证"描述"和"综合"的结果能否满足设计功能的要求，必须在设计过程的不同阶段，对不同设计层次的设计模块进行验证，以便及时对设计进行修改。当前的主要验证手段是逻辑模拟，也称为仿真。

如果将版图综合与验证等工作交由 IC 制造厂商或者 PCB 设计者来完成，数字系统的前期设计以输出优化的门级网表文件作为这一阶段的结束的话，那么在前期设计过程中，仿真通常有 3 个阶段：行为级仿真、寄存器传输级（RTL）仿真和门级仿真。

行为级仿真的目的是验证系统的数学模型和行为描述是否正确，因此抽象程度较高，一般不必考虑电路中的延迟问题；在行为级仿真之后，要对行为描述进行行为综合，也就是将较高层次的行为描述转换成较低层次的 RTL 描述，以便后续的逻辑综合；在行为综合之后，要对综合的结果即 RTL 描述进行 RTL 仿真，其目的是验证 RTL 描述能否符合逻辑综合工具的要求，并使其生成门级电路；当 RTL 仿真完毕，就可以对 RTL 描述及其约束条件（面积、速度、功耗、可测性等）以及包含工艺参数的工艺库进行逻辑综合，即将 RTL 描述转换成门级网表；之后要进行门级仿真，同时还要考虑门电路的固有延迟（也称为惯性延迟）、传输延迟和负载延迟。

行为级仿真只验证设计模块的数学模型和逻辑功能的设计描述是否正确，RTL 仿真对设计模块的逻辑功能进行验证，与电路实现所采用的工艺无关，行为仿真和 RTL 仿真都是功能仿真；而门级仿真则要包含设计模块所采用的工艺参数才能更精确地模拟电路模块运行时的真实特性，这是时序仿真。

因为时序仿真要包含电路的硬件特性参数（工艺参数），所以对于规模比较大的设计项目，在计算机上仿真是很耗时的。如果从设计之初就对每一次描述、修改进行时序仿真，则会大大降低开发效率。所以先对设计模块进行耗时较短的功能仿真，如在验证了设计模块的数学模型和逻辑功能都正确之后，再进行耗时的时序仿真，就能够提高开发效率。

3.1.1　仿真 Δ 机制

在进行前仿真，不必考虑电路的延迟问题。因为前仿真是功能仿真，仿真器仅仅对设计模块的行为功能进行逻辑模拟验证，所以仿真器假定电路中所有的延迟时间均为零。在零延迟条件下，所有的并行语句同时被执行，因此仿真结果应当与并行语句的仿真顺序无关。然而仿真是利用计算机软件来进行的，即便是对并行语句的仿真，也存在仿真执行上的先后次序，这样就会出现不同的仿真顺序会导致不同的仿真结果——即出现错误的仿真结果的现象。

例如，对图 3-1a 所示的组合逻辑电路的 VHDL 描述如例 3-1 所示。

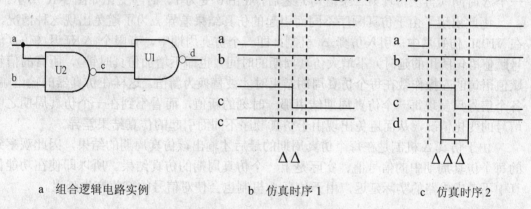

a　组合逻辑电路实例　　　b　仿真时序 1　　　c　仿真时序 2

图 3-1　仿真顺序不同导致仿真结果不同

例 3-1　组合逻辑电路实例的 VHDL 描述

```
ENTITY sample IS
  PORT (a, b: IN Bit;
           d: OUT Bit);
END sample;
ARCHITECTURE behavl OF sample IS
  SIGNAL c: Bit;
BEGIN
  c <= NOT(a AND b);
```

```
    d <= NOT(a AND c);

END behav1;
```

在例 3-1 的结构体中，两条信号赋值语句都是并行语句，在书写顺序上没有限制。当输入信号 a 或 b 发生变化时，相应的门电路会发生翻转（对应的赋值语句将被仿真一次），但最终结果应当与这两条语句的仿真顺序无关。虽然假设门电路的延迟为零，但由于仿真是顺序执行的，实际电路则是并行工作的，这使得仿真结果随着仿真的顺序不同而出现了不同的情况。

例如，在 t0 时刻之前，输入信号 a=0、b=1，此时 c=1、d=1；假设在 t0 时刻输入信号 a 发生了从 0 到 1 的变化，a 既是第一条语句也是第二条语句的敏感信号，因此要对 2 个语句进行仿真。计算机可以分两种情况进行仿真（假设每条语句的仿真时间为 Δ）：

第一种情况是先仿真第一条语句，然后仿真第二条语句。经过一个 Δ 时间（仿真第一条语句）之后，c 由 1 变为 0；再经过一个 Δ 时间（仿真第二条语句），d 保持为 1 不变。时序变化如图 3-1b 所示。

第二种情况是先仿真第二条语句，然后仿真第一条语句。经过一个 Δ 时间（仿真第二个语句）之后，d 由 1 变为 0；再经过一个 Δ 时间（仿真第一条语句），c 由 1 变为 0；由于第二条语句的敏感信号 c 此时发生变化，必须对第二条语句再一次仿真，经过一个 Δ 时间（再次仿真第二条语句）之后，d 由 0 变为 1。时序变化如图 3-1c 所示。

因此出现了由于仿真顺序不同而引起的仿真结果差异。为了避免出现这种情况，在 VHDL 仿真器中，引入仿真 Δ 机制：即一个仿真周期中，有限个 Δ 延迟（仿真信号赋值语句所用的延时）不增大仿真周期的时间（也即不增加仿真时钟），所有的信号赋值语句的左操作数在每个仿真周期结束时才被替换为新值。这样在仿真器的输出端，各个信号只呈现每一个仿真周期结束那一时刻的新值，而看不到在一个仿真周期之中信号的变化情况，从而避免出现由于仿真顺序不同而引起的仿真结果差异。

由于仿真 Δ 机制是在每个仿真周期的最后才输出该仿真周期的结果，因此观察到的每个仿真周期中的信号值，实际是上一个仿真周期的仿真结果。所以即使在功能仿真中不考虑电路的实际延迟，由于仿真 Δ 机制也会使对信号的赋值产生延迟。

3.1.2 延迟

在进行时序仿真时要考虑门电路的硬件实际延迟，才能够尽量逼真地仿真实际电路，因此要了解实际电路的延迟原因。一个门电路模块的延迟构成以下：

总延迟=固有延迟+传输延迟+负载延迟+输入波形斜度延迟（波形建立延迟）

其中，固有延迟（也称惯性延迟）的特点是，如果在门电路的输入端施加一个脉冲宽度小于该门电路固有延迟的激励（例如毛刺），则在该门电路的输出端没有发生信号改变。其物理机制是门电路中的分布电容具有吸收脉冲能量的效应：当在门电路的输入端所施加的激励脉冲宽度小于门电路输入端的分布电容对应的时间常数时，或者小于该门电路的固有延迟时，即使激励脉冲电平足够高，但由于积分时间太短，也无法突破导致门电路翻转的阈值电平，因此在门电路的输出端不会发生信号变化。这类似于对一个静止物体施加一个外力，即使所施加的外力足够大，但如果这个外力持续的时间太短，仍将无法克服物体的静止惯性而将其推动，因此我们也将固有延迟称为惯性延迟。

影响分布电容产生的因素很多，要想减小门电路的固有延迟，就应当采用分布电容小的制造工艺，目前被广泛应用的深亚微米制造工艺就大大减小了分布电容。另一方面，工作电压越高，对分布电容的充放电电流就越大，固有延迟也就越小。因此，对于同一个电路，工作电压越高，其工作频率也可以更高。但工作电压高导致电路功耗急剧增大，也是目前在系统设计中要尽量避免的。

一旦选用了某种工艺制造门电路，为了使该门电路对输入信号的激励产生响应，就必须使输入信号的脉冲宽度大于该门电路的固有延迟，这就对该门电路的工作频率上限提出了限制。因此任何一种工艺的门电路，都有其在某种工作电压下的工作频率上限。

传输延迟与固有延迟的不同之处在于，无论激励脉冲的持续时间长短，均表现为从门电路的输入端到输出端的一种绝对延迟。传输延迟主要是由于门电路模块内部、门电路模块之间以及 PCB 上的连线所引起的。

在集成电路的制造工艺还处于微米级的时期，影响门电路模块延迟时间的主要因素是固有延迟，传输延迟与之相比要小得多。但目前集成电路的制造工艺已经发展到亚微米级和深亚微米级，这时传输延迟就成为影响门电路模块延迟时间的主要因素。

负载延迟指在门电路模块的输出端由于负载电容所产生的附加延迟。一个门电路的负载越重，其负载电容所引起的延迟就越大。

输入波形斜度延迟则是由于在输入端施加的激励信号脉冲波形边沿的斜度所引起的延迟，也称为波形建立延迟。

在进行仿真时，可以将负载延迟和输入波形斜度延迟分别等效于在门电路的输出端和输入端增加了传输线的结果，可以与传输延迟等同对待。因此在 VHDL 仿真模型中，只有固有延迟和传输延迟两种延迟模型。

3.2　进程语句与 WAIT 语句

在设计实体的结构体过程中，所有语句都是并行语句，但为了便于行为描述，VHDL 提供了一种顺序描述语句，然而顺序语句是不能出现在结构体中的。好在行为描述只处于仿真阶段，因此可以借鉴计算机操作系统的进程机制，将其引入顺序语句的仿真。这种进程机制就是进程语句和与之相配合的 WAIT 语句。

进程语句将描述行为的一系列顺序描述语句包装成一条并行语句，一条进程语句相当于一个电路模块，进程中的 WAIT 语句具有在仿真时将进程在"挂起"和"激活"两种状态之间进行转换的功能。

3.2.1 进程语句

进程语句本身是一条并行语句，它可以和其他并行语句一样出现在结构体中，各条进程语句之间也是并行关系，等同于各个电路模块之间是并行工作的。但在进程内部的各条语句之间是顺序关系，也就是说在进程内部的所有语句都用于行为描述的顺序语句。

进程语句的一般格式为：

[进程标号:] [**POSTPONED**] **PROCESS** [(敏感信号表)][**IS**]

    [{ 声明语句 }]

BEGIN

    { 顺序语句 }

END [**POSTPONED**] **PROCESS** [进程标号];

进程标号是该进程的一个名称标识符，是可选项。

敏感信号表也是可选项。敏感信号表中的一个或多个信号值的变化，可以激活该进程，敏感信号表等价于在该进程中的最后一条顺序语句是一条隐含的 WAIT 语句。在含有敏感信号表的进程中，不能再有显式的 WAIT 语句出现。

在进程语句中用声明语句声明的数据类型、对象和子程序等都是该进程的局部数据环境，只能在该进程中对其进行访问，但在进程中不能声明信号对象。

进程语句中的顺序语句描述了该进程的行为。

VHDL'93 引入了延缓进程的概念，一个延缓进程只在一个仿真周期的最后一个 Δ 时间才被激活，延缓进程用关键字 POSTPONED 标识。延缓进程可以有效地降低进程的仿真处理频率，其典型应用是延缓并行断言语句（并行断言语句见第 3.4.4 节）。综合器不支持延缓进程。有关延缓进程的详细内容请参考其他文献，本书不多赘述。

在第 2.5 节中，给出了一个使用进程语句对 D 触发器 dff_1 进行行为描述的典型例子（例 3-2），现将其实体声明和有关结构体重列如下：

例 3-2　D 触发器 dff_1 的行为描述

```
ENTITY dff_1 IS
    PORT (clk, d, IN Bit;
            q: OUT Bit);
END dff_1;
ARCHITECTURE bhv1 OF dff_1 IS
BEGIN
    d1:PROCESS (clk)                      -- 进程语句中包含敏感信号 clk
        VARIABLE a: Bit;                  -- 局部数据环境声明变量 a
    BEGIN
        IF clk'Event AND clk='1' THEN     -- 顺序语句 IF
            a := d;                       -- 变量赋值语句
```

```
        q <= a;                    -- 信号赋值语句
    END IF;
  END PROCESS d1;
END bhv1;
```

在该例中，敏感信号表（clk）中的信号值发生变化，会激活该进程。变量 a 是该进程中的局部数据环境，该进程中的 IF 语句、变量赋值语句和信号赋值语句是顺序语句。

要注意的是，每个进程的敏感信号表必须完整列出所有敏感信号，包括时钟信号和复位信号。

如果敏感信号列表不完整，可能导致综合前后的仿真结果不一致。但如果敏感信号表中含有不必要的信号，则又会降低仿真速度，因此应当正确列出敏感信号表。

例如，由于下列进程中的敏感信号表不完整，导致行为综合前后的仿真结果不一致，见图 3-2。

```
PROCESS(x) -- 完整的敏感信号表应当是(x，y)

BEGIN
    IF x AND y ='1' THEN
        z <= '1';
    ELSE
        z <= '0';
    END IF;
END PROCESS;
```

行为综合之后得到 RTL 描述：

```
z <= x´AND y;
```

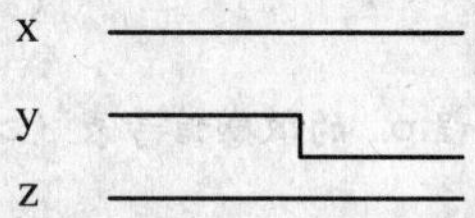

图 3-2a　行为综合前的仿真波形 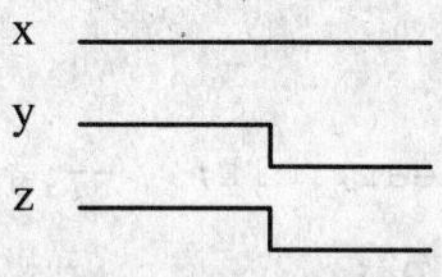　　　图 3-2b　行为综合后的仿真波形

如果在一个进程的顺序语句中没有对任何信号赋值，则该进程被称为被动进程。被动进程用于各种检查，其功能与断言语句（见第 3.2.10 节）类似，但比断言语句灵活。

3.2.2　WAIT 语句

WAIT 语句的作用是将正在仿真的进程挂起，并在 WAIT 语句的条件为真时，再次激活该进程。因此 WAIT 语句的功能就是将进程在"挂起"和"激活"两种状态之间进行转换。

WAIT 语句的一般格式如下：

WAIT [ON 敏感信号表] | [UNTIL 条件表达式] | [FOR 时间表达式];

仿真器在初始化阶段要对每个进程仿真一次，在仿真期间，一个进程可以被认为是一个无限循环，当进程的最后一条顺序语句仿真完毕之后，又会从该进程的第一条语句开始仿真。因此，当一条进程语句中没有敏感信号表时，如果在该进程内部的顺序语句中也没有 WAIT 语句（或者只有 WAIT FOR 0ns 语句），则仿真器永远不会跳出初始化阶段。所以，一个进程必须包含一条进程语句或者一个含有敏感信号表，或者在该进程的内部有 WAIT 语句，否则该进程将陷入无限循环。

在仿真期间，当遇到 WAIT 语句时，仿真时钟会停止，进程被挂起，直到该 WAIT 语句中的条件被满足，仿真时钟才会继续前进。满足 WAIT 语句的条件：可以是敏感信号表中的任何一个或多个信号值发生变化，可以是条件表达式的值为 True，也可以是仿真时钟停止的时间超过时间表达式的值。这 3 个可选项可以在 1 条 WAIT 语句中出现，也可以 3 个可选项都没有，但此时会出现这种现象：当遇到该 WAIT 语句后，进程被无限期挂起，在此后的整个仿真期间，进程将不会被再次激活。

下面是 WAIT 语句的几个例子：

WAIT ON x FOR 100 ns; -- 等待信号 x 的值变化或者等待的时间超过 100 ns

WAIT UNTIL x = '1';   -- 等待信号 x 变化，并且 x 的值='1'

WAIT ON x UNTIL x = '1';-- 与上面一句等价

```
p2: PROCESS
BEGIN
  IF clear = '0'  THEN
    q <= (OTHERS => '0');
  ELSIF (clk' Event AND clk = '1') THEN
    q <= d;
  END IF;
  WAIT ON clear, clk;   -- 等价于例 2-8 中进程 p1 的敏感信号表 (clear, clk)
END PROCESS p2;
```

上面例子中的进程 p2 实际上和第 2.7 节中的例 2-9 的进程 p1 是等价的，注意比较进程 p2 与例 2-9 中的进程 p1 的差异。

因为仿真器在初始化阶段要对每个进程都仿真一次，所以与进程语句中的敏感信号表等价的 WAIT 语句，应当放在进程结尾而不是在进程开头。这里要再一次强调的是，如果进程语句中含有敏感信号表，则该进程中不能再有显式的 WAIT 语句出现。

3.3 顺序语句

顺序语句用于在进程语句中描述进程或子程序的行为。可用作顺序语句的 VHDL 语句有：WAIT 语句、变量赋值语句、信号赋值语句、IF 语句、CASE 语句、NULL 语句、LOOP 语句、NEXT 语句、EXIT 语句、过程调用语句、RETURN 语句、断言语句以及 REPORT 语句。其中 WAIT 语句已经在上一节中做过介绍，本节介绍其他顺序语句。

3.3.1　变量赋值语句

变量赋值语句是顺序语句，因此对变量的声明和访问只能在进程和子程序中进行。

变量赋值语句的一般格式如下：

变量名 := 表达式;

由于变量赋值语句是没有时间延迟的顺序语句，所以在紧接着变量赋值语句之后的顺序语句中，可以使用该变量的新值。通常只有在需要临时保存数据值的时候，才使用变量。

VHDL'87 不容许使用全局变量。由于各条进程语句都是并行执行的，因此在仿真期间不能保证某个进程会比其他任一进程先被执行。当一个进程要对某个全局变量进行赋值，而另一个进程又要读取该全局变量的值时，就会导致系统行为的不确定。

VHDL'93 引入了全局变量，也称为共享变量。共享变量可以在多个进程中进行访问。由于共享变量可能导致系统行为的不确定，所以设计者在使用共享变量时要特别小心。

只有对共享变量赋值的进程的激活条件互斥，并且与读取共享变量的进程的激活条件也互斥时，才可能避免系统行为的不确定。

3.3.2　信号赋值语句

信号赋值语句的一般形式如下：

信号名 <= [**TRANSPORT**] 表达式 [**AFTER** 时间表达式];

关键字 TRANSPORT 用来声明延迟模型为传输延迟模型。引起延迟的原因可以抽象为两类：惯性延迟和传输延迟，惯性延迟是由元件内部的分布电容引起的，传输延迟则由连接导线引起（见第 3.1.2 节）。VHDL 提供了精确的延迟模型：惯性延迟模型和传输延迟模型，VHDL 默认的延迟模型是惯性延迟模型（INERTIAL），如果指定在仿真中使用传输延迟模型，就必须在信号赋值语句中声明关键字 TRANSPORT。

信号赋值与变量赋值的差别在于：信号赋值是有延迟的，信号要在当前仿真周期结束时才能得到最新值；而变量赋值则没有延迟，可以在变量赋值语句之后立即使用该变量的最新值。

例 3-3 中结构体 bhv1 和 bhv3 的不同，就很好地说明了"变量 a"与"信号 a"的差别。下面将例 2-6 中的两种描述进行重列。

例 3-3　D 触发器的两种不同描述

```
ENTITY dff_1 IS
    PORT (clk, d: IN Bit;
          q: OUT Bit);
END dff_1;
```

```
ARCHITECTURE bhv1 OF dff_1 IS
BEGIN
    d1:PROCESS (clk)
        VARIABLE a: Bit;              -- a 声明为变量
    BEGIN
        IF clk'Event AND clk='1' THEN
            a := d;
            q <= a;
        END IF;
    END PROCESS d1;
END bhv1;


ENTITY dff_3 IS
    PORT (clk, d: IN Bit;
          q: OUT Bit);
END dff_3;
ARCHITECTURE bhv3 OF dff_3 IS
    SIGNAL a: Bit;                    -- a 声明为信号
BEGIN
    d3:PROCESS (clk)
    BEGIN
        IF clk'Event AND clk='1' THEN
            a <= d;
            q <= a;
        END IF;
    END PROCESS d3;
END bhv3;
```

在 VHDL 中，信号和变量是两个不同的对象，它们的差别如下：

信号赋值是有延迟的，即使在不考虑器件实际延迟的行为仿真和 RTL 仿真中，也含因为引入的仿真 Δ 机制，使得信号的赋值具有延迟，而变量赋值则是没有延迟的。

信号除具有当前值之外还具有很多属性（见附录 B 属性），而变量只有当前值。

信号值的变化可以激活被挂起的进程（见第 3.2.2 节），而变量无此功能。

使用全局信号不会导致系统行为的不确定性，而使用全局变量（共享变量）则可能导致系统行为的不确定。

信号与硬件中互连元件端口的"连线"相对应，而变量在硬件中没有明确的对应物。变量只是为了便于设计实体的行为描述而定义的数据暂存区。

在上面所列举的 5 种差别中，前 4 种差别是现象，最后一种差别是本质。

3.3.3　多驱动源信号——决断信号

一个信号通常只有一个驱动源，但 VHDL 提供了用多个源来驱动同一个信号的机制。例如，在"线与"或者"线或"电路中，传递给一个端口的值是多个元件的输出直接连接在一起的结果。这些元件的输出信号值可能有冲突，因此在仿真中需要对这些输出信号值进行仲裁和选择，最终决定传递到端口的信号值。这个功能由决断函数来完成，比如例 3-4 中的信号 y 就是一个多驱动源信号（见图 3-3），因为 Std_Logic 类型在程序包 Std_Logic_1164 中被声明为一个决断子类型。

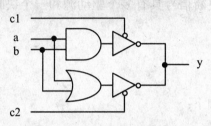

图 3-3　多驱动源信号电路

例 3-4　多驱动源信号的 VHDL 描述

```
LIBRARY IEEE;
USE IEEE.Std_Logic_1164.ALL;
ENTITY multi_driver IS
    PORT (a, b, c1, c2: IN Std_Logic;
          y: OUT Std_Logic);
END multi_driver;
ARCHITECTURE behavl OF multi_driver IS
BEGIN
PROCESS (a, b, c1, c2)
BEGIN
IF (c1=' 0') THEN
        y <= a NAND b;
ELSE
        y <=' Z';
END IF;
IF (c2=' 0') THEN
        y <= a NOR b;
```

```
    ELSE
         y <=' Z';
       END IF;
    END PROCESS;
END behav1;
```

其中，信号 c1 和 c2 不能同时为' 0'，否则可能由于信号 y 的值产生冲突，从而导致器件输出电流过大而损坏。这需要在仿真中由决断函数来模拟最终传递到 y 上的信号值，从而让设计者根据仿真结果来判断实际电路中是否会出现输出电流过大的情况。由此可见在使用多驱动源信号的电路设计中，决断函数的作用非常重要。

具有多个驱动源的信号在 VHDL 中被称为决断信号，一个决断信号必须具有与之相关联的决断函数，即决断信号具有多个驱动源和一个决断函数。有关决断函数的声明将在第 4.4 节详细介绍。

3.3.4 IF 语句

IF 语句的一般格式如下：

IF 布尔表达式 **THEN**

　{ 顺序语句 }

[{ **ELSIF** 布尔表达式 **THEN**

　{ 顺序语句 } }]

[**ELSE**

　{ 顺序语句 }]

END IF;

下面是一个 8 to 3 优先级编码器的例子。它有 8 个中断请求输入端（逻辑 0 有效），3 个中断编码输出端，1 对用于级联的输入和输出端，一个用于指示中断编码是否有效的输出端。例 3-5 是它的 VHDL 行为描述。

例 3-5　8 to 3 优先级编码器 74LS148

```
ENTITY prioty_encoder IS
  PORT(ei_n: IN Bit;
         d: IN Bit_Vector(7 DOWNTO 0);
       eo_n, gs_n: OUT Bit;
         a: OUT Bit_Vector(2 DOWNTO 0));
END prioty_encoder;
ARCHITECTURE encoder OF prioty_encoder IS
BEGIN
    PROCESS(ei_n, d)
    BEGIN
```

```
    IF (ei_n = '1') THEN
       eo_n <= '1';
       gs_n <= '1';
       a <= "111";                    -- 不允许当前编码器编码
    ELSIF (d= B"1111_1111") THEN
       eo_n <= '0';
       gs_n <= '1';
       a <= "111";                    -- 当前编码器无码可编
    ELSE
       eo_n <= '1';
       gs_n <= '0';
    IF (d(0)= '0') THEN
         a <= "111";
    ELSIF (d(1)= '0') THEN
         a <= "110";
    ELSIF (d(2)= '0') THEN
         a <= "101";
    ELSIF (d(3)= '0') THEN
         a <= "100";
    ELSIF (d(4)= '0') THEN
         a <= "011";
    ELSIF (d(5)= '0') THEN
         a <= "010";
    ELSIF(d(6)= '0') THEN
         a <= "001";
    ELSE
         a <= "000";
    END IF;
    END IF;
  END PROCESS;
END encoder;
```

如果外部中断源超过 8 个,则需要将多个 8 to 3 优先级编码器级联使用。图 3-4a 是两个 74LS148 级联使用的例子。

可以发现,为了节省 CPU 与编码器的输出编码信号 A0、A1 和 A2 之间的连接引脚,使用了 3 个双输入端与非门,将两个编码器的输出编码信号相与之后与 CPU 连接。通过增加电路的复杂性,在节省 CPU 引脚资源的同时,还避免了由于两个编码器的输出编码信号"线与"而烧毁芯片的现象。

假设 8 to 3 优先级编码器的输出编码信号的数据类型不是 Bit 型的，而是三态信号的话，则可以省去图 3-4a 中的 3 个双输入端与非门，如图 3-4b 那样将两个编码器的输出编码信号"线与"，从而降低电路的复杂性。74LS348 就是这种 8 to 3 优先级编码器，例 3-5′是它的 VHDL 描述，注意例 3-5′与例 3-5 的差别。

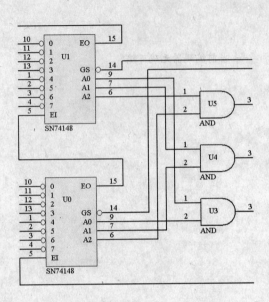

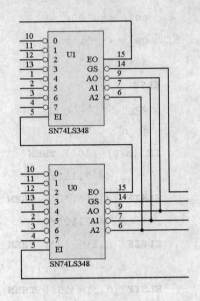

图 3-4a 74LS148 的级联使用   图 3-4b 74LS348 的级联使用

例 3-5′ 三态输出的 8 to 3 优先级编码器 74LS348

```
LIBRARY IEEE;
USE IEEE.Std_Logic_1164.ALL;
ENTITY prioty_encoder IS
  PORT(ei_n: IN Std_Logic;
      d: IN Std_Logic_Vector(7 DOWNTO 0);
    eo_n, gs_n: OUT Std_Logic;
          a: OUT Std_Logic_Vector(2 DOWNTO 0));
END prioty_encoder;
ARCHITECTURE encoder OF prioty_encoder IS
BEGIN
    PROCESS(ei_n, d)
  BEGIN
    IF (ei_n = '1') THEN
      eo_n <= '1';
      gs_n <= '1';
```

```
        a <= "zzz";                        -- 不允许当前编码器编码
    ELSIF (d= B"1111_1111") THEN
      eo_n <= '0';
      gs_n <= '1';
      a <= "zzz";                          -- 当前编码器无码可编
    ELSE
      eo_n <= '1';
      gs_n <= '0';
    IF (d(0)= '0') THEN
        a <= "111";
    ELSIF (d(1)= '0') THEN
        a <= "110";
    ELSIF (d(2)= '0') THEN
        a <= "101";
    ELSIF (d(3)= '0') THEN
        a <= "100";
    ELSIF (d(4)= '0') THEN
        a <= "011";
    ELSIF (d(5)= '0') THEN
        a <= "010";
    ELSIF(d(6)= '0')THEN
        a <= "001";
    ELSE
        a <= "000";
    END IF;
    END IF;
  END PROCESS;
END encoder;
```

在 IF 语句中，允许缺少 ELSE 分支。但是，在组合逻辑电路的设计中，这种描述将在综合之后产生锁存器。因此，不要在组合逻辑电路的设计中落掉 IF 语句的 ELSE 分支。

同样，在时序逻辑电路的设计中，为了保证信号的同步和综合的正确性，也要采用寄存器传输信号的设计方式，而不使用锁存器。

虽然锁存器要比寄存器结构简单，工作速度快。但因为锁存器容易产生毛刺和时序分析困难，所以在 CPLD/FPGA 中构造了很多寄存器，却没有构造可供使用的锁存器资源。如果要在 CPLD/FPGA 中产生锁存器，则需要在寄存器之外增加组合逻辑才能实现，所以在 CPLD/FPGA 中产生锁存器会占用更多的芯片资源。

当然，并不是所有设计都不使用锁存器。由于锁存器占用面积小、速度快，在 CPU、寄存器堆、存储器、FIFO 和其他存储元件的设计中，常常使用 D 锁存器，如图 3-5 所示。为了使设计可被测试，应当采用 2 选 1 多路选择器来增加测试模式。

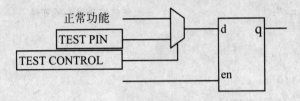

图 3-5　锁存器的可测性设计

3.3.5　CASE 语句

CASE 语句是 VHDL 提供的另一种条件控制语句，它与 IF 语句的不同之处是：CASE 语句中的选择表达式不限定于布尔表达式。可以根据表达式的值域来选择所仿真的顺序语句。

CASE 语句的一般形式如下：

```
CASE 选择表达式 IS
    { WHEN 值域 =>
        { 顺序语句 } }
    [ WHEN OTHERS =>
        { 顺序语句 } ]
END CASE;
```

在 CASE 语句中，表达式必须是离散类型。条件 WHEN 的数目没有限制，但不容许任意两个条件的值域存在交集，并且所有条件的值域之和必须覆盖表达式所能取值的整个集合。

例 3-6 是常用的 3 线-8 线译码器 74LS138 的 VHDL 行为描述，这是一个 CASE 语句的典型应用。

例 3-6　3 线-8 线译码器 74LS138

```
LIBRARY IEEE;
USE IEEE.Std_Logic_1164.ALL;
ENTITY decoder_3_8 IS
    PORT(g1, g2a_n, g2b_n: IN Std_Logic;
        a, b, c: IN Std_Logic;
y_n: OUT Std_Logic_Vector(7 DOWNTO 0));
END decoder_3_8;
ARCHITECTURE behavl_decoder OF decoder_3_8 IS
```

```
BEGIN
    PROCESS(g1, g2a_n, g2b_n, a, b, c)
      VARIABLE temporary: Std_Logic_Vector(2 DOWNTO 0);
    BEGIN
      temporary := g1 & g2a_n & g2b_n;
        IF temporary = "100" THEN
      temporary := c & b & a;
          CASE temporary IS
              WHEN "000" => y_n <= B"1111_1110";
              WHEN "001" => y_n <= B"1111_1101";
              WHEN "010" => y_n <= B"1111_1011";
              WHEN "011" => y_n <= B"1111_0111";
              WHEN "100" => y_n <= B"1110_1111";
              WHEN "101" => y_n <= B"1101_1111";
              WHEN "110" => y_n <= B"1011_1111";
              WHEN "111" => y_n <= B"0111_1111";
              WHEN OTHERS => y_n <= (OTHERS =>'1');
          END CASE;
        ELSE
            y_n <=(OTHERS => '1');
        END IF;
      END PROCESS;
  END behavl_decoder;
```

例 3-7 是一个三相三拍顺序脉冲发生器的行为描述，其中使用 CASE 语句来描述了该发生器的状态转换。图 3-6 是该顺序脉冲发生器的外部视图和时序图。

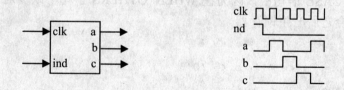

图 3-6　三相三拍顺序脉冲发生器

例 3-7　三相三拍顺序脉冲发生器

```
LIBRARY IEEE;
USE IEEE.Std_Logic_1164.ALL;
ENTITY sequencer_33 IS
```

```
        PORT(clk, ind: IN Std_Logic;
             a, b, c: OUT Std_Logic);
END sequencer_33;
ARCHITECTURE behavl_seq OF sequencer_33 IS
     SIGNAL x: Std_Logic_vector(2 DOWNTO 0);
BEGIN
     PROCESS(clk, ind)
     BEGIN
       IF ind = '1' THEN
          x <= (OTHERS => '0');
       ELSIF (clk'Event AND clk='1') THEN
           CASE x IS
               WHEN "001" => x <= "010";
               WHEN "010" => x <= "100";
               WHEN "100" => x <= "001";
               WHEN OTHERS => x <= "001";
           END CASE;
        END IF;
     END PROCESS;
   a <= x(0);
   b <= x(1);
   c <= x(2);
END behavl_seq;
```

在 CASE 语句中出现的所有信号赋值语句，都应当在所有 WHEN 子句中出现，即每一个 WHEN 子句中都应当对这些信号赋值，这样在综合之后才不会产生锁存器。

例如在下面的 CASE 语句中，因为在 WHEN OTHERS 子句中缺少对信号 b 的赋值，所以将会在综合之后产生锁存器。

```
CASE s IS
    WHEN '0'  => a <= '1'; b <= '0';
    WHEN OTHERS => a <= '0';
END CASE;
```

恰当的描述可以避免在综合之后产生锁存器。

```
CASE s IS
    WHEN '0'  => a <= '1'; b <= '0';
    WHEN OTHERS => a <= '0'; b <= b;
END CASE;
```

　　CASE 语句与 IF 语句在控制流程的功能上非常相似，但是在行为综合之后却存在差异。CASE 语句对应一个单级的多路选择器（见图 3-7a），而 IF 语句却对应一个优先级编码的多级选择组合电路（见图 3-7b）。

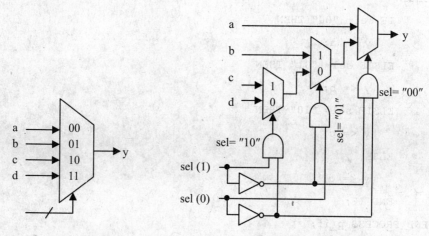

图 3-7a　单级多路选择器　　　图 3-7b　优先级编码多路选择组合电路

例 3-8　4 选 1 多路选择器的不同行为描述

```
LIBRARY IEEE;
USE IEEE.Std_Logic_1164.ALL;
ENTITY mux_4_1 IS
     PORT(sel: IN Std_Logic_Vector(1 DOWNTO 0);
          a, b, c, d: IN Std_Logic;
y: OUT Std_Logic);
END mux_4_1;
ARCHITECTURE behavl_case OF mux_4_1 IS  -- 综合结果如图 3-7a 所示
BEGIN
p_case: PROCESS(sel, a, b, c, d)
BEGIN
    CASE sel IS
        WHEN "00" => y <= a;
        WHEN "01" => y <= b;
        WHEN "10" => y <= c;
        WHEN OTHERS => y <= d;
    END CASE;
END PROCESS p_case;
END behavl_case;
ARCHITECTURE behavl_if OF mux_4_1 IS    -- 综合结果如图 3-7b 所示
```

```
BEGIN
p_if: PROCESS (sel, a, b, c, d)
BEGIN
    IF sel= "00" THEN
        y <= a;
    ELSIF sel= "01" THEN
        y <= b;
    ELSIF sel= "10" THEN
        y <= c;
    ELSE
        y <= d;
    END IF;
END PROCESS p_if;
END behavl_if;
```

单级多路选择器与优先级编码的多路选择组合电路相比，其速度更快。因此在不需要使用优先级编码结构的时候，尽量采用 CASE 语句，这样不仅可以加快仿真速度，而且能够综合出工作速度更快的电路。

3.3.6 NULL 语句

NULL 语句不执行任何动作。当在某些语句中必须显式地指出不执行任何动作时，就要用到 NULL 语句。

NULL 语句的一般格式如下：

NULL [**AFTER** 时间表达式];

例如：

```
CASE en IS
  WHEN '0' => out1 <= d;
  WHEN OTHERS => NULL;
END CASE;
```

具有可选项"**AFTER** 时间表达式"的 NULL 语句称为空事项处理语句，该语句可用于关闭被保护的决断信号的驱动源，有关被保护的决断信号详见第.4.1 节内容。

3.3.7 LOOP 语句

LOOP 语句用于循环体的迭代控制，可以控制执行循环体的次数，循环体由一系列顺序语句组成。LOOP 语句能够增强 VHDL 代码的可读性。

LOOP 语句的一般格式如下：

〔 语句标号： 〕〔 重复模式 〕 **LOOP**

{ 顺序语句 }

END LOOP 〔 语句标号 〕；

语句标号和重复模式均为可选项，重复模式可以是"WHILE 布尔表达式"，也可以是"FOR 循环变量 IN 离散范围"。当重复模式缺少时，LOOP 语句为无限循环，但可以使用 EXIT 语句结束循环。

例 3-9 奇校验电路

```
ENTITY odd_check IS
PORT(z: IN Bit_Verctor(7 DOWNTO 0);
odd: OUT Bit);
END odd_check;
ARCHITECTURE arch_while OF odd_check IS  --"WHILE 布尔表达式"的结构体
BEGIN
p1: PROCESS(z)
   VARIABLE tmp: Bit;
   VARIABLE i: Bit;
  BEGIN
   i := 0;
   tmp:= z(i);
   l1: WHILE i < 7 LOOP
     i := i+1;
     tmp := tmp XOR z(i);
    END LOOP l1;
    odd <= tmp;
  END PROCESS p1;
END arch_while;
ARCHITECTURE arch_for OF odd_check IS  --"FOR 循环变量 IN 离散范围"的
BEGIN                                  -- 结构体
P2: PROCESS(z)
   VARIABLE tmp: Bit;
  BEGIN
   tmp:= z(0);
   l2: FOR i IN 1 TO 7 LOOP
     tmp := tmp XOR z(i);
    END LOOP l2;
    odd <= tmp;
```

```
    END PROCESS p2;

  END arch_for;
```

在重复模式为"FOR 循环变量 IN 离散范围"的 LOOP 语句中,已经对循环变量作了隐含的声明,因此不必再用变量声明语句来声明循环变量。在循环体中,循环变量可以出现在表达式中,但不能对循环变量进行赋值操作,而在重复模式为"WHILE 布尔表达式"的 LOOP 语句中,布尔表达式中的控制变量必须事先声明并且赋予初值,而且必须在循环体中对布尔表达式的控制变量的值进行更新,否则一旦进入循环就无法结束。

由于 VHDL 综合器不支持无法确定循环次数的 LOOP 语句,所以重复模式为"FOR 循环变量 IN 离散范围"的 LOOP 语句是可以被综合的。而重复模式为"WHILE 布尔表达式"的 LOOP 语句,或者重复模式缺省的 LOOP 语句,则必须在综合时可以根据 LOOP 的结束条件确定循环次数,所以只能进行仿真,而不能被综合。

为了提高仿真速度,尽可能在 VHDL 代码中使用数组运算来替代 FOR 循环。例如,要将一个整型数组中的每个元素都加上一个整型数,则可以采用下面两种描述。

假设已经声明类型:

```
TYPE number IS RANGE n DOWNTO 0;

TYPE num_vector IS ARRAY (x DOWNTO y) OF number;
```

例 3-10   整型数组中每个元素分别相加描述

```
FUNCTION my_add (a: num_vector; b: number) RETURN num_vector IS

    VARIABLE temp: num_vector;

BEGIN

    FOR i IN temp'Range LOOP

      temp(i) := a(i) + b;

    END LOOP;

    RETURN temp;

END;
```

例 3-10′   整型数组整体相加描述

```
FUNCTION my_add (a: num_vector; b: number) RETURN num_vector IS

    VARIABLE temp: num_vector;

BEGIN

    temp := (OTHERS => b);

    RETURN a + temp;

END;
```

采用数组整体相加的描述要比每个元素分别相加的描述的仿真速度快,从而可以提高仿真性能。

3.3.8　NEXT 语句与 EXIT 语句

NEXT 语句只能用于 LOOP 语句的循环体中,其作用是终止当前的一次循环迭代,并且开始下一次循环。NEXT 语句的一般格式如下:

NEXT [LOOP 语句标号][**WHEN** 布尔表达式];

其中"LOOP 语句标号"和"WHEN 布尔表达式"均为可选项。

当布尔表达式的值为 True 时,NEXT 语句终止当前的一次循环迭代,并且跳转到 LOOP 语句标号所标识的循环体尾部,如果 LOOP 语句标号缺如,则跳转到当前循环体的尾部;当布尔表达式的值为 False 时,NEXT 语句的执行等价于 NULL,循环正常继续。当"WHEN 布尔表达式"缺失时,则等价于该可选项为 WHEN True。

EXIT 语句也只能用于 LOOP 语句的循环体中,其作用是终止当前的一次循环迭代,并且结束当前的循环。EXIT 语句的一般格式如下:

EXIT [LOOP 语句标号][**WHEN** 布尔表达式];

其中"LOOP 语句标号"和"WHEN 布尔表达式"均为可选项。

当布尔表达式的值为 True 时,EXIT 语句终止当前的一次循环迭代,并且结束 LOOP 语句标号所标识的循环,如果 LOOP 语句标号缺失,则结束当前循环;当布尔表达式的值为 False 时,EXIT 语句的执行等价于 NULL,循环正常继续。当"WHEN 布尔表达式"缺失时,则等价于该可选项为 WHEN True。

例 3-11 的奇校验电路也可以用 EXIT 语句配合 LOOP 语句来完成。

例 3-11　奇校验电路

```
ENTITY odd_check IS
PORT(z: IN Bit_Verctor(7 DOWNTO 0);
    odd: OUT Bit);
END odd_check;
ARCHITECTURE arch_loop OF odd_check IS  -- 缺少重复模式的结构体
BEGIN
P3: PROCESS(z)
    VARIABLE tmp: Bit;
    VARIABLE i: Bit;
  BEGIN
    i := 0;
    tmp:= z(i);
    l3: LOOP
      i := i+1;
      tmp := tmp XOR z(i);
      EXIT l3 WHEN i>6;
```

```
        END LOOP l3;
        odd <= tmp;
    END PROCESS p3;
END arch_loop;
```

3.3.9   过程调用语句与 RETURN 语句

过程调用语句可以启动一个过程体被仿真。过程调用语句的一般形式如下：

过程名(实参表);

传递给过程的参数类型必须与所调用的过程在其过程声明语句中声明的形式参数类型相同，而且必须是常量类或信号类。如果参数类型是变量类，则该变量是共享变量，或者该过程只能在进程或其他过程中被调用。

每调用一次过程，相当于使用了一个电路模块。因为当前使用的电路模块不应当与前一次使用电路模块的输出信号相关，所以信号类形式参数的模式不能为 BUFFER，而只能是 IN、OUT 或 INOUT。

RETURN 语句只能用于子程序中，用来结束当前的过程或函数。RETURN 语句的一般形式如下：

RETURN [表达式];

过程体中的 RETURN 语句不能有表达式，而函数体中的 RETURN 语句则必须有表达式，该表达式的值即为该函数的返回值。函数的返回语句必须是 RETURN 语句，而过程结束时可以用 RETURN 语句返回，也可以不用 RETURN 语句。

过程声明和过程调用以及 RETURN 语句的使用实例，将在第 4 章中详细介绍。

3.3.10   断言语句与 REPORT 语句

在进程和子程序中的断言语句被称为顺序断言语句。断言语句的一般格式如下：

ASSERT 布尔表达式 [REPORT 信息][SEVERITY 错误等级];

需要注意的是，当布尔表达式的值为 True 时，ASSERT 语句不执行任何动作；只有当布尔表达式的值为 False 时，才报告信息和错误等级。所报告的信息只能是字符串类型的一段文字，REPORT 子句缺失时，将报告缺省信息 Assertion Violation；错误等级只能是标准程序包（STANDARD)中定义的 Severity_Level 类型，其取值范围是 Note（注意）、Warning（警告）、Error（错误）和 Failure（失败），其类型声明见第 7.1.1 节；SEVERITY 子句缺如时，错误等级的缺省值为 Error。

例如，在 R-S 触发器的 VHDL 描述中，虽然当输入端 set_n 和 reset_n 同时为'0'，输出端 q 和 q_n 同时为'1'，但是在下一个仿真周期中如果输入端 set_n 和 reset_n 同时为'1'，则会引起系统行为的不确定,因此在 R-S 触发器的 VHDL 描述中,不应当容许输入端 set_n 和 reset_n 同时为'0'的情况出现,这时可以用断言语句来报告这种错误信息。

例 3-12   R-S 触发器

```
ENTITY rsff IS
    PORT(set_n, reset_n: IN Bit;
                q, q_n: BUFFER Bit);
END rsff;
ARCHITECTURE rsff_arch OF rsff IS
BEGIN
    PROCESS(set_n, reset_n)
        VARIABLE temporary: Std_Logic_Vector(1 DOWNTO 0);
    BEGIN
        temporary := set_n & reset_n;
        ASSERT(temporary /= "00")
            REPORT "Both set and reset equal to '0'. "
            SEVERITY Warning;
        IF temporary = "10" THEN
            q <= '0';
            q_n <= '1';
        ELSIF temporary = "01" THEN
            q <= '1';
            q_n <= '0';
        END IF;
    END PROCESS;
END rsff_arch;
```

VHDL'93 还提供了一种简短格式的顺序断言语句——REPORT。其一般格式如下：

REPORT 信息[SEVERITY 错误等级]；

REPORT 语句等价于顺序断言语句中布尔表达式的值为 False 的情况，有一个不同点是，当 SEVERITY 子句缺失时，错误等级的缺省值为 Note。

ASSERT False [**REPORT** 信息][**SEVERITY** 错误等级]；

例如：

REPORT "Hello! "；

ASSERT False **REPORT** "Hello! " **SEVERITY** Note；-- 等价于上面一句

3.4　并行语句

从第 2 章中我们知道，结构体中的语句都是并行语句。可作为并行语句的 VHDL 语句主要有：进程语句、块语句、并行信号赋值语句、并行过程调用语句、并行断言语句、元件例化语句以及生成语句。

其中进程语句已经在第 3.2 节中做过介绍，本节介绍其他并行语句。

3.4.1　块语句

当一个结构体的描述可以按照设计功能明确地划分成若干个子模块时，VHDL 提供了一种划分机制，就是可以将若干个并行语句用块语句包装起来形成一个子模块。例如，在设计一个 CPU 时，可以将其划分成取指、译码、ALU、寄存器堆等子模块，并将名子模块中的局部对象在其块语句中声明。

块语句的格式如下：

［ 块标号：］ **BLOCK** ［(保护表达式)］

　　　［ 类属子句 ］

　　　［ 端口子句 ］

　　　｛ 块声明语句 ｝

BEGIN

　　　｛ 并行语句 ｝

END BLOCK ［ 块标号 ］；

当块中的某些输出端口与其他块的输出端口直接相连时，应当将该端口设计为决断信号，并利用保护表达式在块中关闭该端口的驱动源（关闭驱动源相当于向该输出端口赋值'Z'）。

块语句是体现划分机制的语句，它只体现在结构体的划分形式上。块语句不会改变结构体的功能，所以块语句的作用主要是提高并行描述的可读性，以便于仿真、纠错、程序移植和技术交流等。

鉴于此，VHDL 综合器对块语句不敏感，综合时将忽略块语句的存在。

3.4.2　并行信号赋值语句

并行信号赋值语句可等价于一个对相应信号赋值的进程语句，它实际上就是该进程语句的简化形式。并行信号赋值语句有两种形式。

1．并行信号赋值语句 1

[POSTPONED] 信号名<=[GUARDED] [TRANSPORT]

　　　　　　　［｛表达式[AFTER 时间表达式] WHEN 布尔表达式 ELSE｝]

　　　　　　表达式 ［ AFTER 时间表达式 ］；

　　　　　　　　　　　-- 最后一个表达式没有 WHEN 子句

一个延缓的并行信号赋值语句，被映射为一个等价的延缓进程。

如果其中的布尔表达式的值恒为 False 时，上述信号赋值语句的形式简化为：

[POSTPONED]信号名<=[GUARDED][TRANSPORT]表达式[AFTER 时间表达式]；

在下面的例子中，结构体 or_arch1 中的并行信号赋值语句 out1 <= in1 **OR** in2

AFTER 10ns；等价于结构体 or_arch2 中的进程 or_p：

例 3-13　2 输入端或门

```
ENTITY or_gate IS
  PORT(in1, in2: IN Bit;
          out1: OUT Bit);
END or_gate;
ARCHITECTURE or_arch1 OF or_gate IS
BEGIN
  or_p: PROCESS(in1, in2)
  BEGIN
    out1 <= in1 OR in2 AFTER 10ns;
  END PROCESS or_p;
END or_arch1;
ARCHITECTURE or_arch2 OF or_gate IS
BEGIN
  out1 <= in1 OR in2 AFTER 10ns;  -- 等价于结构体 or_arch1 中的进程 or_p
END or_arch2;
```

　　如果上述并行信号赋值语句中的布尔表达式的值不恒为 False，则该语句的功能非常类似于由 IF 语句和顺序信号赋值语句组合而成的一个进程，因此也称该语句为条件信号赋值语句。同时，也就有另一种形式的并行信号赋值语句，其功能类似于由 CASE 语句和顺序信号赋值语句组合而成的一个进程，被称为选择信号赋值语句。

　　2．并行信号赋值语句 2

[**POSTPONED**] **WITH** 选择表达式 **SELECT**
　　信号名 <= [**GUARDED**][**TRANSPORT**]
　　　　　　　　{表达式 [**AFTER** 时间表达式] **WHEN** 值域，}
　　　　　　　　表达式 [**AFTER** 时间表达式] **WHEN** 值域|**OTHERS**；

　　在例 3-14 中，4 选 1 多路选择器的结构体 behav2 中的并行赋值语句等价于结构体 behav1 中的进程 mux4_p1，结构体 behav4 中的并行赋值语句则等价于结构体 behav3 中的进程 mux4_p2。

　　例 3-14　4 选 1 多路选择器

```
ENTITY mux4 IS
  PORT(in0, in1, in2, in3: IN Bit;
                    sel: IN Bit_Vector(0 TO 1);
                    q: OUT Bit);
END mux4;
```

```
ARCHITECTURE behav1 OF mux4 IS
BEGIN
  mux4_p1: PROCESS(in0, in1, in2, in3, sel)
  BEGIN
    IF sel = "00" THEN q <= in0;
    ELSIF sel = "01" THEN q <= in1;
    ELSIF sel = "10" THEN q <= in2;
    ELSE q <= in3;
    END IF;
  END PROCESS mux4_p1;
END behav1;


ARCHITECTURE behav2 OF mux4 IS
BEGIN
  q <= in0 WHEN sel = "00" ELSE
       in1 WHEN sel = "01" ELSE
       in2 WHEN sel = "10" ELSE
       in3;                          -- 该并行信号赋值语句与进程 mux4_p1 等价
END behav2;


ARCHITECTURE behav3 OF mux4 IS
BEGIN
  mux4_p2: PROCESS(in0, in1, in2, in3, sel)
  BEGIN
    CASE sel IS
      WHEN "00" => q <= in0;
      WHEN "01" => q <= in1;
      WHEN "10" => q <= in2;
      WHEN OTHERS => q <= in3;
    END CASE;
  END PROCESS mux4_p2;
END behav3;


ARCHITECTURE behav4 OF mux4 IS
BEGIN
```

```
WITH sel SELECT
   q <= in0 WHEN "00",
        in1 WHEN "01",
        in2 WHEN "10",
        in3 WHEN OTHERS;    -- 该并行信号赋值语句与进程 mux4_p2 等价
END behav4;
```

从上面的例子可以看出，并行赋值语句的描述方式与用进程语句描述相比，功能相同但形式更加简捷。而且其结构严谨，不会因为在 IF...ELSIF...ELSE 语句中缺少 ELSE 分支，而在综合后产生锁存器。

需要注意的是，并行信号赋值语句不能出现在进程语句的内部。

VHDL'93 在并行信号赋值语句中将表达式的值域扩展了一个值 UNAFFECTED，用来表示信号没有发生赋值操作。

例如，对一个信号 y 作赋值操作：

```
y <= y;
```

```
y <= UNAFFECTED;
```

虽然信号 y 的值都没有改变，但第一句发生了赋值操作：y'Active = True、y' Transactoin 发生了一次变化；而第二句没有发生赋值操作：y'Active = False、y' Transactoin 没有发生变化。

3.4.3　并行过程调用语句

并行过程调用语句的一般格式如下：

[**POSTPONED**] 过程名(实参表);

它可以作为并行语句，用于结构体或者块当中，其等价于一个只有单个顺序过程调用语句的进程。

例如以下进程：

```
PROCESS(sig1, sig2)
BEGIN
  exmaple(sig1, sig2); -- 顺序过程调用语句
END PROCESS;
```

可以用并行过程调用语句：

```
exmaple(sig1, sig2);    -- 并行过程调用语句，等价于上面的进程
```

替代而出现在该进程允许出现的结构体或者块当中。

一个延缓的并行过程调用语句，可以被映射为一个等价的延缓进程。

3.4.4　并行断言语句

并行断言语句的一般格式如下：

[POSTPONED] ASSERT 布尔表达式 [REPORT 信息][SEVERITY 错误等级];

与并行过程调用语句类似，它可以作为并行语句用于结构体或者块当中，等价于一个只有单个顺序断言语句的进程。

例如以下进程：

```
PROCESS(sig)
BEGIN
    ASSERT(sig /= 'X')
        REPORT "Uncertainty value on sig. "
        SEVERITY Warning;            -- 顺序过程调用语句
END PROCESS;
```

其与以下并行断言语句等价：

```
ASSERT(sig /= 'X')
    REPORT "Uncertainty value on sig. "
    SEVERITY Warning;                -- 并行过程调用语句
```

一个延缓的并行断言语句，可以被映射为一个等价的延缓进程。

3.4.5 元件例化语句

VHDL 中的元件例化语句，提供了一种可以重复利用设计库中已有设计的机制，常用于在设计实体的顶层描述中。

元件例化语句标识了一个例化元件（子元件），同时也将例化元件的实际参数和与之对应的模板元件（父元件）的形式参数相关联。

元件例化语句的一般格式如下：

[例化元件名:] 模板元件名[**GENERIC MAP**(类属实参表)] **PORT MAP**(信号实参表);

例化元件名是例化元件的元件名称（子元件名），模板元件名（父元件名）是在元件声明语句中声明的元件名。在元件例化语句中引用的模板元件，必须先用元件声明语句予以声明。

元件声明语句可以在当前结构体中，也可以在程序包（第见 4.2 节）中用于声明模板元件。元件声明语句的一般格式如下：

```
COMPONENT 元件名
    [ 类属子句 ]
    端口子句
END COMPONENT;
```

例化元件的实际参数映射既可以用位置关联法也可以用名称关联法，甚至可以用它们的混合关联，与模板元件相应的形式参数相关联。

位置关联法就是在进行类属映射和端口映射时，实参表中的参数映射顺序，与元件声明语句中类属子句和端口子句的参数声明顺序相同。而名称关联的格式为：形式参数 => 实际参数。建议采用名称关联法，以使类属映射和端口映射更具可读性。

以 1 位全加器为例，用行为描述设计半加器，用元件例化语句（结构描述）和 RTL

描述的混合描述风格进行顶层设计。为了便于阅读，我们将图 2-1b 重画为图 3-8。

例 3-15　1 位全加器的 VHDL 描述

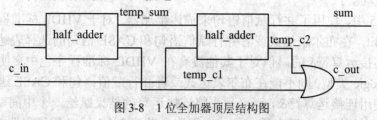

图 3-8　1 位全加器顶层结构图

```vhdl
ENTITY half_adder IS                        -- 半加器的实体声明
  PORT(a, b: IN Bit;
        sum, carry: OUT Bit);
END half_adder;
ARCHITECTURE behav1 OF half_adder IS        -- 半加器的行为描述
BEGIN
    WITH a & b SELECT
    sum <= '1' WHEN "01"|"10",
          '0' WHEN OTHERS;
    WITH a & b SELECT
    carry <= '1' WHEN "11",
        '0' WHEN OTHERS;
END behav1;


ENTITY full_adder IS                        -- 全加器的实体声明
  PORT(a, b, c_in: IN Bit;
        sum, c_out: OUT Bit);
END full_adder;
ARCHITECTURE toplevel OF full_adder IS      -- 全加器的顶层描述
  SIGNAL temp_sum, temp_c1, temp_c2: Bit;   -- 信号声明
  COMPONENT half_adder                      -- 模板元件声明
    PORT(a, b: IN Bit;
          sum, carry: OUT Bit);
END COMPONENT;
BEGIN
  U0: half_adder PORT MAP(a => a, b => b, sum => temp_sum, carry => temp_c1);
  U1: half_adder PORT MAP(a => temp_sum, b => c_in, sum => sum,
carry => temp_c2);                          -- 结构描述
```

```
     c_out <= temp_c1 OR temp_ c2;                              -- RTL 描述
   END toplevel;
```

在例 3-15 中，使用了并行赋值语句来描述半加器。对于 VHDL 标准程序包中声明的枚举类型 Bit，在布尔表达式或者并行赋值语句和 CASE 语句的选择表达式中，都可以直接使用连接运算符&的。但对于其他没有在 VHDL 标准程序包中声明的枚举类型（例如 Std_Logic 类型）则不能在布尔表达式或者并行赋值语句和 CASE 语句的选择表达式中直接使用连接运算符&，而必须先将连接运算的结果赋给一个中间变量，然后在选择表达式中引用这个中间变量。具体应用请参考例 3-6 3 线-8 线译码器 74LS138。

VHDL 对元件例化语句的实参与形参之间的关联，有以下限制：

● 数据类型必须一致。

● 信号模式必须一致。

● 决断性必须一致，即如果形参是决断信号的话，则实参是与形参相同的决断信号，且具有一个的决断函数。

当例化元件的某个端口不存在时，相应的实际参数缺失，则要使用关键字 OPEN，使模板元件被例化时该端口处于未连接状态。例如例 3-6 中的端口 q_n。

每条元件例化语句都会产生一个电路模块（即一个元件）。图 3-9 是一个 8 位移位寄存器的逻辑电路图，例 3-16 是它的 VHDL 描述，它将产生了 8 个 D 触发器 dff（U1~U8）。

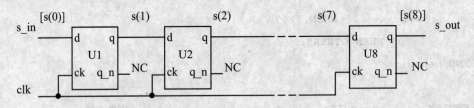

图 3-9　8 位移位寄存器逻辑图

例 3-16　8 位移位寄存器

```
ENTITY shift IS
  GENERIC( len: Integer := 8 );
  PORT(s_in, clk: IN Bit;
s_out: OUT Bit );
END shift;
ARCHITECTURE ungen_shift OF shift IS
  SIGNAL s: Bit_Vector(1 TO(len-1));
  COMPONENT dff
    PORT(d, ck: IN Bit;
       q, q_n: OUT Bit);
  END COMPONENT;
BEGIN
```

```
    U1: dff  PORT MAP(d => s_in, ck => clk, q => s(1), q_n => OPEN);

    U2: dff  PORT MAP(d => s(1), ck => clk, q => s(2), q_n => OPEN);

    U3: dff  PORT MAP(d => s(2), ck => clk, q => s(3), q_n => OPEN);

    U4: dff  PORT MAP(d => s(3), ck => clk, q => s(4), q_n => OPEN);

    U5: dff  PORT MAP(d => s(4), ck => clk, q => s(5), q_n => OPEN);

    U6: dff  PORT MAP(d => s(5), ck => clk, q => s(6), q_n => OPEN);

    U7: dff  PORT MAP(d => s(6), ck => clk, q => s(7), q_n => OPEN);

    U8: dff  PORT MAP(d => s(7), ck => clk, q => s_out, q_n => OPEN);

END ungen_shift;
```

其中，当模板元件的输出端口处于未连接状态时，应当用 OPEN 予以关联。但在使用名称关联方式时，则允许省略未连接状态的端口关联；而使用位置关联方式时，则不允许省略未连接状态的端口关联。

例如在例 3-16 中，可以使用下面的元件例化语句：

```
U1: dff  PORT MAP(d => s_in, ck => clk, q => s(1)); -- 省略了 q_n => OPEN
```

或者：

```
U1: dff  PORT MAP(s_in, clk, s(1), OPEN);        -- 位置关联
```

如果模板元件的某个输入端口未连接时，则不允许使用 OPEN 予以关联，因为 VHDL 仿真器和综合器均不支持输入"浮动"状态。在实际电路中，这种状态也是不允许出现的。当模板元件的输入端口处于没有信号予以关联时，必须指定该端口的关联信号值，而不能处于"浮动"（OPEN）状态。

例如在结构体 structure 中声明了元件 ex1，但是该元件的 b 端口在例化时没有信号予以关联，这种情况下的正确描述如例 3-17 所示。

例 3-17   输入端口无连接时的关联描述

```
ARCHITECTURE structure OF top_level IS

  SIGNAL Vcc: Std_Logic;

  COMPONENT ex1

    PORT(a, b, c: IN Std_Logic;

        y1, y2: OUT Std_Logic);

  END COMPONENT;

BEGIN

  Vcc <= '1';

U0: ex1 PORT MAP(a => sig1, b => Vcc, c => sig2, y1 => sig3, y2 => sig4);

...

END structure;
```

在 VHDL'93 中，还允许使用信号值予以直接关联。当然这种关联描述在 VHDL'87 中是非法的：

例 3-17′   VHDL'93 中输入端口无连接时的另一种关联描述

```
ARCHITECTURE structure OF top_level IS
  COMPONENT ex1
    PORT(a, b, c: IN Std_Logic;
          y1, y2: OUT Std_Logic);
  END COMPONENT;
BEGIN
  U0: ex1 PORT MAP(a => sig1, b => '1', c => sig2, y1 => sig3, y2 => sig4);
...
END structure;
```

但无论是 VHDL′87 还是 VHDL′93，都不允许出现下面的语句：

```
U0: ex1 PORT MAP(a => sig1, b => OPEN, c => sig2, y1 => sig3, y2 => sig4);
```

可以使用类属设计带有参数的模板元件，在元件例化时使用类属映射 GENERIC MAP 子句来匹配参数，具体示例见第 6.2.2 节。

3.4.6 生成语句

生成语句者提供了描述重复结构（或称规则结构）和例外情况的机制。它可对设计中规则的重复结构以循环的形式进行描述，也可对重复结构的不规则边界以选择的形式进行描述。

生成语句的一般格式如下：

[生成标号:] 生成模式 **GENERATE**

    { 并行语句 }

END GENERATE [生成标号];

生成模式可以是 "FOR 循环变量 IN 离散范围"，用于描述规则的重复结构；也可以是 "IF 布尔表达式"，用于描述重复结构的不规则边界。与顺序循环语句 LOOP 类似，在 FOR 模式的生成语句中，循环变量无须声明，在生成语句外部循环变量不可见，而在生成语句内部，则只能对循环变量进行读访问，而不能对其赋值。

与顺序循环语句不同，在 FOR 模式的生成语句中，没有与 NEXT 语句和 EXIT 语句相似的并行语句。在 IF 模式的生成语句中，也没有 ELSIF 和 ELSE 分支。

对于例 3-16 描述的 8 位移位寄存器，如果用生成语句进行描述，则会更加简捷。

例 3-16′ 8 位移位寄存器

```
ENTITY shift IS
  GENERIC( len: Integer := 8 );
  PORT(s_in, clk: IN Bit;
          s_out: OUT Bit );
END shift;
```

```
ARCHITECTURE for_shift OF shift IS
  SIGNAL s: Bit_Vector(0 TO len);
  COMPONENT dff
    PORT(d, ck: IN Bit;
           q, q_n: OUT Bit);
  END COMPONENT;
BEGIN
  s(0) <= s_in;
  FOR i IN 0 TO(len-1)GENERATE
    Ui: dff  PORT MAP(d => s(i), ck => clk, q => s(i+1), q_n => OPEN);
  END GENERATE;
  S_out <= s(len);
END for_shift;


ARCHITECTURE if_shift OF shift IS
  SIGNAL s: Bit_Vector(1 TO(len-1));
  COMPONENT dff
    PORT(d, ck: IN Bit;
           q, q_n: OUT Bit);
  END COMPONENT;
BEGIN
  FOR i IN 0 TO(len-1)GENERATE
    IF i=0 GENERATE
      U1: dff PORT MAP(d => s_in, ck => clk, q => s(i+1), q_n => OPEN);
    END GENERATE;
    IF (i>0) AND (i<(len-1)) GENERATE
      Ui: dff PORT MAP(d => s(i), ck => clk, q => s(i+1), q_n => OPEN);
    END GENERATE;
    IF i=(len-1) GENERATE
      Ulen: dff PORT MAP(d => s(i), ck => clk, q => s_out, q_n => OPEN);
    END GENERATE;
  END GENERATE;
END if_shift;
```

在例 3-16′中，结构体 for_shift 中的信号赋值语句 s(0) <= s_in; 和 s_out <= s(len);
都会产生多余的缓冲器，而结构体 if_shift 则避免了这个问题。

对于重复结构，例如 n 位移位寄存器、n 位加法器或者 n 位计数器等，使用生成语句的描述要比不用生成语句的描述简捷得多。

3.5 本章小结

本章首先介绍了仿真与延迟的概念及其在 VHDL 中的体现，然后详细介绍了 VHDL 丰富的基本语句，和运用这些语句设计数字系统的示例，以及分析了不同语句之间的特点，使读者了解运用 VHDL 设计数字系统的基本方法。

本章的重点内容以下：

（1）仿真与延迟。

● 不同的仿真阶段　行为级仿真、寄存器传输级仿真、门级仿真。

● 仿真 Δ 机制　功能仿真中的延迟机制;

● 延迟　引起实际电路延迟的机制，VHDL 仿真中的延迟模型。

（2）VHDL 的顺序语句。

● 进程机制　用于行为仿真。

● 顺序语句　描述行为。其中有面向仿真的语句，对综合器不敏感;不同语句的仿真结果相同，但综合后的电路不同;如何避免综合后产生锁存器。

（3）VHDL 并行语句——描述结构或者数据流。

（4）信号赋值语句——重要语句，综合后将产生电路中的元器件。

3.6 习题

1. 简述 VHDL 中仿真 Δ 机制的作用。

2. 造成门电路延迟的原因有哪几种？门电路中引起固有延迟的原因是什么？

3. 简述进程语句的并发性及其在行为仿真中的作用。WAIT 语句在进程中起什么作用？

4. 在 VHDL 中，决断信号和非决断信号的主要区别是什么？

5. VHDL 综合器只支持什么模式的 LOOP 语句？为什么？

6. 简述 IF 和 CASE 顺序语句综合后不同结果之间的差异。

7. 请用并行赋值语句替代下列 BCD 十进制译码器行为描述中的进程语句。

```
PROCESS(b)

BEGIN

        CASE b IS

                WHEN "0000" => y<= "1111111110";

                WHEN "0001" => y<= "1111111101";

                WHEN "0010" => y<= "1111111011";

                WHEN "0011" => y<= "1111110111";

                WHEN "0100" => y<= "1111101111";
```

```
              WHEN "0101" => y<= "1111011111";

              WHEN "0110" => y<= "1110111111";

              WHEN "0111" => y<= "1101111111";

              WHEN "1000" => y<= "1011111111";

              WHEN "1001" => y<= "0111111111";

              WHEN OTHERS => y<= (OTHERS =>'1');


       END CASE;
END PROCESS;
```

8. 用进程语句替代下列半加器的 VHDL 描述中的并行赋值语句。

```
ENTITY half_adder IS
  PORT(a, b: IN Bit;
       sum, carry: OUT Bit);
END half_adder;
ARCHITECTURE behavl OF half_adder IS
BEGIN
    WITH a & b SELECT
      sum <= '1' WHEN "01"|"10",
             '0' WHEN OTHERS;
    WITH a & b SELECT
      carry <= '1' WHEN "11",
               '0' WHEN OTHERS;
END behavl;
```

9. 用 VHDL 描述一个 w×n 位的 SRAM 模块。该模块具有 w 个存储单元，每个单元可以存放 n 位二进制码，该模块同时还有时钟、片选、读出和写入 4 个输入信号。

10. 用 VHDL 描述一个带有异步复位（clr_n）和异步置位（pr_n）信号的 D 型触发器。触发信号 clk 上升沿有效，异步复位和置位信号低电平有效，互补输出信号为 q 和 q_n。

11. 用 VHDL 描述一个带有预置信号端的 N 进制 BCD 码加法计数器（N = 2 ~ 99）。异步置位信号 load 处于高电平有效时，将预置输入信号 n (7) ~ n (0) 写入计数器；当 load 失效后，计数器对时钟输入信号 clk 的上升沿进行 BCD 码加法计数，并将计数值发送到输出端 q (7) ~ q (0)；当计数值回零时，进位输出信号 carry_out = '1'。

12. 利用第 9 题设计的带有预置信号端的 N 进制 BCD 码加法计数器（N = 2 ~ 99），参考第 6.1.1 节中描述的 BCD 码——7 段 LED 显示译码器，用 VHDL 设计一个电子钟，在秒脉冲信号 second 的触发下计时，并显示时、分、秒。

第4章　VHDL 深入

学习目标

通过本章的介绍，使读者对 VHDL 结构中的程序包、设计库和配置等较深层次的要素有一个初步了解。其中，程序包体现了 VHDL 共享资源的运用；设计库是 VHDL 各种结构的集合——包含实体、结构体、程序包和配置等；配置则用于建立设计库中实体与元件或者实体与结构体之间的连接关系。

学习重点	子程序	设计库
	程序包	配置

4.1　子程序

设计者在一个设计实体中声明的数据类型、对象、子程序、元件声明和属性等，对于其他实体而言是不可见的，不能被利用。为了使 VHDL 代码具有可重用性，VHDL 提供了将共享资源封装在程序包中单独编译，并可以为不同的设计实体所利用的共享机制——程序包。程序包中的一个重要成分就是子程序。

VHDL 提供了自定义子程序的机制，设计者可以在结构体的声明部分或者在进程语句的声明部分中声明子程序，并且可以在该结构体或者该进程中调用子程序。如果在某个设计实体的多个结构体都要调用该子程序，或者在不同的设计实体中要调用该子程序，则应当在程序包中声明该子程序。子程序是 VHDL 的重要共享资源之一，子程序可被看做设计者自定义的运算符。

VHDL 提供了两种子程序：函数和过程。函数和过程的主要区别在于：函数被表达式所调用，只返回一个值；而过程则被过程调用语句启动，并且可以返回多个结果。

4.1.1　函数

当设计者自定义的"运算"只有一个返回值时，常用函数来描述该运算。

声明函数的一般格式如下：

FUNCTION 函数名（形参表）**RETURN** 返回值类型 **IS**

  { 声明语句 }

BEGIN

{ 顺序语句 }

END [**FUNCTION**][函数名]；

在声明函数的形参表中，形式参数可以是常量和模式为 IN 的信号。如果没有声明形式参数的对象种类，则其缺省种类为常量。

在声明语句部分，可以声明函数内部要用到的数据类型和局部对象，但不能是信号。函数中的语句都是顺序语句。在函数内部，不容许包含 WAIT 语句和信号赋值语句。

在程序包 Std_Logic_1164 中，声明了下面几种数据类型之间的类型转换函数（参阅 第 7.2.1 节）。

（1）Std_Logic 与 Bit 类型之间。

（2）Std_Logic_Vector 与 Bit_vector 类型之间。

（3）Std_ULogic 与 Bit 类型之间。

（4）Std_ULogic_Vector 与 Bit_vector 类型之间。

例如，程序包 Std_Logic_1164 中的函数 FUNCTION To_BitVector(s: Std_Logic_Vector; xmap: Bit:='0')RETURN Bit_Vector;就声明了一个将 Std_Logic_Vector 类型转换为 Bit_Vector 类型的类型转换函数。

例 4-1　类型转换函数

```
FUNCTION To_BitVector(s: Std_Logic_Vector; xmap: Bit:= '0')
RETURN Bit_Vector IS
    ALIAS sv: Std_Logic_Vector(s'Length-1 DOWNTO 0) IS s;
    VARIABLE result: Bit_Vector(s'Length-1 DOWNTO 0);
    BEGIN
    FOR i IN result'Range LOOP
        CASE sv(i) IS
        WHEN '0'|'L' => result(i):= '0';
        WHEN '1'|'H' => result(i):= '1';
        WHEN OTHERS => result(i):= xmap;
        END CASE;
    END LOOP;
    RETURN result;
END To_BitVector;
```

在例 4-1 中，使用了"别名"语句 ALIAS。该语句通常在 ENTITY、ARCHITECTURE、PROCESS、PACKAGE、PACKAGE BODY 和子程序的声明部分作为声明语句出现，它为已经声明的对象再次声明一个"别名"，也可以为已经声明的对象声明别名。

例如，一个存储器的地址长度为 12 位，其中前 4 位是页地址，后 8 位是页内地址，则可以用别名声明页地址和页内地址。

```
SIGNAL address: Bit_Vector(11 DOWNTO 0);
ALIAS page_add: Bit_Vector(3 DOWNTO 0) IS address(11 DOWNTO 8);
```

ALIAS interior_add: Bit_Vector(7 **DOWNTO** 0) **IS** address(7 **DOWNTO** 0);

在信号对象的赋值操作中使用别名是很方便的。但对于常量对象，则要注意由于不能对常量赋值，所以也不能对常量的别名赋值。

VHDL'87 只允许为对象声明别名， VHDL'93 则放宽了限制，允许为子程序和数据类型等项目声明别名。

4.1.2 过程

当设计者自定义了某种运算，而这种运算将产生多个返回值或多个结果时，通常使用过程来描述这种运算。其优点是：当设计者需要使用已定义好的运算时，可以使用过程调用语句，并用实际参数代替定义运算时声明的形式参数，即可完成这种运算；而且可以在一个结构体甚至一个进程语句中多次调用这种运算。定义一种运算实际上就是声明一个过程。

声明过程的一般格式如下：

PROCEDURE 过程名(形参表) IS

   { 声明语句 }

BEGIN

   { 顺序语句 }

END [PROCEDURE][过程名];

在声明过程的形参表中，形式参数可以是常量、信号和变量，对象模式可以是 IN、OUT 或 INOUT。如果没有声明形式参数的对象模式，则其缺省模式为 IN；如果没有声明形式参数的对象种类，则其缺省种类为：IN 模式的形式参数是常量，OUT 和 INOUT 模式的形式参数是变量。对于并行过程调用语句所调用的过程，由于 VHDL'87 的限制，形式参数不能为变量。

在声明语句部分，可以声明过程内部所需的数据类型和局部对象，但不能是信号。

过程中的语句都是顺序语句，如果顺序过程调用语句所在的进程没有敏感信号表，则在所调用的过程中可以包含 WAIT 语句，否则不能包含 WAIT 语句。

不正确地使用过程，可能导致出现意想不到的结果。例如，由于全局信号可以在结构体中的任何地方被访问，在某个过程中对一个全局信号赋值是合法的，但如果该信号没有作为一个实参传递给过程的话，那么就有可能出现副作用：一个意想不到的多余返回值。因此，不推荐这种使用过程的方法。

例 4-2　由过程自定义 4 位数值比较器的运算

LIBRARY IEEE;

USE IEEE.Std_Logic_1164.**ALL**;

PROCEDURE comparator(**SIGNAL** a, b: **IN** Std_Logic_Vector(3 **DOWNTO** 0);

                     SIGNAL a_greater_than_b: **OUT** Std_Logic;

                     SIGNAL a_equal_to_b: **OUT** Std_Logic;

                     SIGNAL a_less_than_b: **OUT** Std_Logic) **IS**

```
    VARIABLE y: Std_Logic_Vector(2 DOWNTO 0);
  BEGIN
   IF a > b THEN
      y := "100";
   ELSIF a = b THEN
      y := "010";
   ELSIF a < b THEN
      y := "001";
   ELSE
      y := "000";
   END IF;
   a_greater_than_b <= y(2);
   a_equal_to_b <= y(1);
   a_less_than_b <= y(0);
END PROCEDURE comparator;
```

当需要将两个类型为 Std_Logic_Vector(3 DOWNTO 0)的信号 x 和 y 进行数值比较，并将比较结果传递至信号 x_g_y、x_e_y 和 x_l_y 时，只须用过程调用语句调用过程 comparator 即可。

```
comparator(x, y, x_g_y, x_e_y, x_l_y);
```
或者：
```
comparator(a => x, b => y, a_greater_than_b => x_g_y, a_equal_to_b => x_e_y,
a_less_than_b => x_l_y);
```

对比函数和过程可以看出，函数与过程除了结果的返回方式不同之外，还存在如下差别：

- 函数的形式参数只能是 IN 模式，而过程的形式参数则可以是 IN、OUT 或者 INOUT 模式。
- 函数的形式参数只允许使用常量和信号类的对象，而过程的形式参数不仅允许使用常量和信号类的对象，还允许使用变量类的对象。
- 如果在形式参数中没有声明对象的种类，则对于函数而言，默认的对象种类是常量，对于过程，IN 模式的形式参数的默认对象种类是常量，OUT 和 INOUT 模式的形式参数的默认对象种类是变量。
- 在函数体中不允许出现 WAIT 语句和信号赋值语句，而过程则无此限制。

4.2 程序包和设计库

当设计者想让某些设计项目（比如数据类型、对象、子程序、元件声明和属性等），成为共享资源能够被其他设计实体使用时，就可以利用 VHDL 提供的程序包机制。VHDL 的程序包、实体和结构体都被集成在设计库当中。

当设计者在设计中想利用某个程序包中的共享资源时，则必须在设计实体中使用 LIBRARY 子句和 USE 子句，以便使程序包所在的设计库和程序包中的共享资源对当前设计实体可见。

LIBRARY 子句和 USE 子句的一般格式如下：

LIBRARY { 设计库名 };

USE 设计库名.程序包名.{ 标识符 }| **ALL**;

在 LIBRARY 子句中可以声明多个设计库，设计库名之间用逗号分隔。在 USE 子句中，可以声明程序包中的一个或多个资源，资源标识符之间用逗号分隔，也可以用选项 ALL 声明所有的资源。

4.2.1 程序包

程序包由程序包声明和程序包体两部分组成。这两部分可以作为独立的库单元，分别编译并插入设计库中。程序包声明属于设计库的初级单元，而程序包体则属于设计库的次级单元。

程序包的一般格式如下：

PACKAGE 程序包名 **IS**   -- 程序包声明

  { 程序包声明 }

END [**PACKAGE**][程序包名];

[**PACKAGE BODY** 程序包名 **IS** -- 程序包名与对应的程序包声明中的程序包名相同

  { 程序包体声明 }

END [**PACKAGE BODY**][程序包名];]

程序包声明用来声明程序包中包含的共享资源，比如数据类型、对象、子程序、元件声明和属性等，但不能是信号；而程序包体中则包含对延缓常量赋值的描述，和对子程序的描述。当程序包声明中不包含延缓常量和子程序时，则不需要程序包体。

所谓延缓常量，就是指在程序包声明中描述了该常量的名称和类型，但没有指定该常量的具体值。这样，就必须在程序包体中指定该常量的值。

在程序包声明中声明的标识符是共享资源，它们在程序包之外则是可见的。在程序包体声明中声明的标识符，除了已经在程序包声明中的以外，在程序包之外也是不可见的，这就有效地保护了知识产权。

4.2.2 预定义程序包

标准（STANDARD）程序包和文本 I/O（TEXTIO）程序包已经预先在 STD 库中编译。在所有的设计实体的开头，都隐含有下面两条语句：

```
LIBRARY Work, Std;
USE Std.Standard.ALL;
```

因此，标准（STANDARD）程序包中的所有资源对设计实体都是可见的，如果要使用 TEXTIO 程序包中的任何共享资源，则必须在使用它之前加一条 USE 子句：

```
USE Std.Textio.ALL;
```

STANDARD 程序包声明了若干数据类型、子类型和函数（见第 7.1.1 节）。TEXTIO 程序包则声明了支持 ASCII I/O 操作的若干数据类型、子类型、过程和文件（见第 7.1.2 节）。

除 Std 库以外，隐含声明的另一个设计库 Work 则是设计者的现行工作库，用来放置当前设计实体和设计者自定义程序包。如果设计者在当前设计实体中声明了程序包 ×××的话，则应当用 **USE** Work. ×××. **ALL**;语句来声明自定义的程序包。

Std_Logic_1164 程序包已经预先在 IEEE VHDL 库中编译，在一些 VHDL 仿真器中，Numeric_Std 程序包和 Numeric_Bit 程序包也已经预先编译在 IEEE VHDL 库中。Std_Logic_1164 程序包声明了若干常用的数据类型、子类型和函数（见第 7.2.1 节）；Numeric_Std 程序包和 Numeric_Bit 程序包声明了用于综合的数值类型和算术函数，Numeric_Bit 程序包的基本元素类型为 Bit 类型，Numeric_Std 程序包的基本元素类型为 Std_Logic 类型。如果要使用这些程序包中的任何共享资源，则必须先用 USE 子句来使它们对设计实体可见。

如果要使用 Std_Logic_1164 程序包中的资源，则需要下面的两条子句：

```
LIBRARY IEEE;
USE IEEE.Std_Logic_1164.ALL;
```

利用在 IEEE VHDL 库的 Std_Logic_Unsigned 程序包中声明的类型转换函数。

FUNCTOIN conv_integer(ARG: Std_Logic_Vector)RETURN Integer;

可以将例 3-6 所描述的 3 线-8 线译码器 74LS138 简化为例 4-3 的描述。

例 4-3　3 线-8 线译码器 74LS138 的另外一种描述方法

```
LIBRARY IEEE;
USE IEEE.Std_logic_1164.ALL;
USE IEEE.Std_Logic_Unsigned.ALL;
ENTITY decoder_3_8 IS
  PORT(g1, g2a_n, g2b_n: IN Std_logic;
       a, b, c: IN Std_logic;
         y_n: OUT Std_logic_vector(7 DOWNTO 0));
END decoder_3_8;
ARCHITECTURE behavl_decoder OF decoder_3_8 IS
BEGIN
```

```
PROCESS(g1, g2a_n, g2b_n, a, b, c)
    VARIABLE temporary: Std_logic_vector(2 DOWNTO 0);
    VARIABLE y: Std_logic_vector(7 DOWNTO 0);
BEGIN
    temporary := g1 & g2a_n & g2b_n;
    y :=(OTHERS => '1');
    IF temporary = "100" THEN
        y(conv_integer(c & b & a)) := '0';
    END IF;
    y_n <= y;
END PROCESS;
END behavl_decoder;
```

在本例中，变量 y 的作用得到了充分体现。首先对变量 y 赋值，然后将逻辑判断后得到的输出信号值赋给变量 y，最终才将变量 y 的值赋值给输出信号 y_n。

4.2.3 十字路口交通信号灯控制器

十字路口交通信号灯控制器是一个使用程序包的例子，设计者除了可以使用预定义的程序包以外，也可以声明自己的程序包和设计库。

在这个例子中，使用了用户声明的程序包。改控制器的设计任务描述为：

（1）当前干线有车而支线无车，或者干线和支线均无车时，则干线绿灯亮，支线红灯亮（简称为状态①）。

（2）当处于状态①时，出现干线和支线均有车，则保持干线绿灯亮，支线红灯亮（状态①）。

（3）当干线和支线均有车，并且状态①的持续时间达到 1 分钟，或者出现支线有车而干线无车的情况，则转为干线黄灯亮，支线红灯亮（简称为状态②）。

（4）状态②的持续时间达到 4 秒，转为干线红灯亮，支线绿灯亮（简称为状态③）。

（5）若当前支线有车而干线无车，或者干线和支线均有车或均无车，则保持干线红灯亮，支线绿灯亮（状态③）。

（6）当干线和支线均有车或均无车的状态持续时间达到 30 秒，或者出现干线有车而支线无车的情况，则转为支线黄灯亮，干线红灯亮（简称为状态④）。

（7）状态④的持续时间达到 4 秒，转为支线红灯亮，干线绿灯亮（状态①）。

在这个例子中，交通信号灯控制器有 4 个状态，图 4-1 为交通信号灯控制器的状态图。

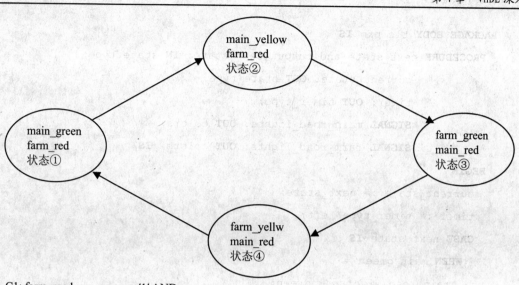

C1: farm_road_car_sensor= ′1′ AND

((main_road_car_sensor= ′0′) OR ((main_road_car_sensor= ′1′) AND (timer >=main_long_time)));

C2=C4: timer>=short_time;

C3: ((main_road_car_sensor= ′1′) AND (farm_road_car_sensor= ′0′)) OR

((main_road_car_sensor NXOR farm_road_car_sensor) AND timer>=farm_long_time);

图 4-1   交通信号灯控制器状态图

例 4-4   交通信号灯控制器

```
---------------------------------------------------------------------
-- 程序包tlc_pkg和设计实体tlc, 摘自《VHDL简明教程》, 本书作者做了少量改动
---------------------------------------------------------------------
PACKAGE tlc_pkg IS
  TYPE state_type IS(main_green, main_yellow, farm_green, farm_yellow);
  TYPE colors IS (red, green, yellow);
  SUBTYPE timer_type IS Integer RANGE 0 TO 31;
-- 假设时钟周期为 2 秒
  CONSTANT short_time: timer_type := timer_type'Val(2);        -- 4 sec
  CONSTANT main_long_time: timer_type := timer_type'Val(30);  -- 1 min
  CONSTANT farm_long_time: timer_type := timer_type'Val(15);  -- 30 sec
  PROCEDURE next_state_and_output(next_state: IN state_type;
          current_state: OUT state_type;        -- 对象种类 VARIABLE
          timer: OUT timer_type;                 -- 对象种类 VARIABLE
          SIGNAL main_road_lights: OUT colors;
          SIGNAL farm_road_lights: OUT colors);
  END tlc_pkg;
```

```
PACKAGE BODY tlc_pkg IS
  PROCEDURE next_state_and_output(next_state: IN state_type;
              current_state: OUT state_type;
              timer: OUT timer_type;
              SIGNAL main_road_lights: OUT colors;
              SIGNAL farm_road_lights: OUT colors) IS
  BEGIN
    current_state := next_state;
    timer := timer_type'Left;
    CASE next_state IS
      WHEN main_green =>
        main_road_lights <= green;
        farm_road_lights <= red;
      WHEN main_yellow =>
        main_road_lights <= yellow;
        farm_road_lights <= red;
      WHEN farm_green =>
        main_road_lights <= red;
        farm_road_lights <= green;
      WHEN farm_ yellow =>
        main_road_lights <= red;
        farm_road_lights <= yellow;
      WHEN OTHERS =>
        current_state := main_green;
        main_road_lights <= green;
        farm_road_lights <= red;
      END CASE;
  END next_state_and_output;
END tlc_pkg;
```

程序包 tlc_pkg 声明的共享资源：

（1）两个类型 state_type、colors 和一个子类型 timer_type。

（2）3 个常数 short_time、main_long_time 和 farm_long_time。

（3）一个过程 next_state_and_output。

程序包体 tlc_pkg 中对过程 next_state_and_output 的声明，共只有 3 条语句：

（1）改变表示当前状态的变量 current_state。

（2）复位计时器 timer。

（3）根据当前状态设置信号灯的输出信号。

交通灯控制器的算法描述：

```
PROCESS
  WAIT ON(clk 上升沿);
  IF timer < 1 分钟 THEN
    timer := timer+1;  -- 在时钟的每个上升沿，定时器均增加 1
  ELSE
    timer := 0;
  END IF;
  IF 复位有效 THEN 置当前状态为状态①
  ELSE
    CASE 当前状态 IS
      WHEN 状态① => IF 条件 C1 THEN 置当前状态为状态②  END IF;
      WHEN 状态② => IF 条件 C2 THEN 置当前状态为状态③  END IF;
      WHEN 状态③ => IF 条件 C3 THEN 置当前状态为状态④  END IF;
      WHEN 状态④ => IF 条件 C4 THEN 置当前状态为状态①  END IF;
      WHEN OTHERS => 置当前状态为状态①;
    END CASE;
  END IF;
END PROCESS;
```

交通灯控制器的 VHDL 行为描述：

```
LIBRARY IEEE;
USE IEEE.Std_Logic_1164.ALL;
USE Work.tlc_pkg.ALL;
ENTITY tlc IS
  PORT(clk: IN Std_Logic := '0';              -- 假设时钟周期为 2 秒
       reset_n: IN Std_Logic := '0';
       main_road_car_sensor: IN Std_Logic := '0';
       farm_road_car_sensor: IN Std_Logic := '0';
       main_road_lights: OUT colors := green;
       farm_road_lights: OUT colors := red;
END tlc;
ARCHITECTURE fsm OF tlc IS
BEGIN
  main: PROCESS
    VARIABLE current_state: state_type := main_green;
```

```
        VARIABLE timer: timer_type := timer_type'Val(0);
BEGIN
  WAIT ON clk UNTIL clk = '1' AND clk'Last_value = '0';
  IF timer < main_long_time THEN
    timer := timer_type'RightOf(timer);  -- 在时钟的每个上升沿，定时器均增加 1
  ELSE
    timer := timer_type'Left;
  END IF;
  IF reset_n = '0' THEN
    next_state_and_output(main_green, current_state, timer,
                    main_road_lights, farm_road_lights);
  ELSE
    CASE current_state IS
      WHEN main_green =>
        IF ((farm_road_car_sensor = '1') AND ((main_road_car_sensor = '0') OR
          ((main_road_car_sensor= '1' ) AND (timer >= main_long_time))))
        THEN
          next_state_and_output(main_yellow, current_state, timer,
                          main_road_lights, farm_road_lights);
        END IF;
      WHEN main_yellow =>
        IF (timer >= short_time) THEN
        next_state_and_output(farm_green, current_state, timer,
                        main_road_lights, farm_road_lights);
        END IF;
      WHEN farm_green =>
        IF (((main_road_car_sensor = '1') AND (farm_road_car_sensor = '0'))
          OR (( NOT((main_road_car_sensor) XOR (farm_road_car_sensor)))
          AND (timer >= farm_long_time)))
        THEN
          next_state_and_output(farm_yellow, current_state, timer,
                          main_road_lights, farm_road_lights);
        END IF;
      WHEN farm_yellow =>
        IF (timer >= short_time) THEN
```

```
        next_state_and_output(main_green, current_state, timer,
                        main_road_lights, farm_road_lights);
        END IF;
      WHEN OTHERS =>
        next_state_and_output(main_green, current_state, timer,
                        main_road_lights, farm_road_lights);
      END CASE;
    END IF;
  END PROCESS main;
END fsm;
```

4.3　重载

当多个子程序、多个运算符或者多个枚举类型中的值使用同一个名称（标识符）时，就称之为重载。例如在 VHDL 预定义的标准程序包 STANDARD（参见第 7.1.1 节）中，字符文字′0′和′1′同时被声明为枚举类型 Bit 和 Character 中的值。另外，字符文字′0′和′1′还在 Std_Logic_1164 程序包中被声明为枚举类型 Std_Logic 中的值，这都是枚举类型重载的例子。

子程序重载可以使被声明为同一名称的子程序对不同类型的对象进行操作，运算符重载则可以使同一个运算符来对不同类型的对象进行相似的运算。

4.3.1　子程序重载

子程序重载可以分成两种情况：一种是声明为同一名称的多个子程序，其操作参数类型不同；另一种情况是声明为同一名称的多个子程序，其操作参数类型虽然相同，但参数个数不同。因此，对于声明为同一名称的多个子程序，必须通过其形参表中参数的差异来区分。

例 4-5　不同参数类型的子程序重载

```
LIBRARY IEEE;
USE IEEE.Std_Logic_1164.ALL;
USE IEEE.Std_Logic_Arith.ALL;
PACKAGE minimum_1 IS
  FUNCTION min(x, y, z: Integer) RETURN Integer;
  FUNCTION min(x, y, z: Real) RETURN Real;
  FUNCTION min(x, y, z: Std_Logic_Vector) RETURN Std_Logic_Vector;
END minimum_1;
PACKAGE BODY minimum_1 IS
```

```
FUNCTION min(x, y, z: Integer) RETURN Integer IS
    VARIABLE i: Integer;
BEGIN
    IF x < y THEN
        i := x;
    ELSE
        i := y;
    END IF;
    IF z < i THEN
        i := z;
    END IF;
    RETURN i;
END min;
FUNCTION min(x, y, z: Real) RETURN Real IS
    VARIABLE i: Real;
BEGIN
    IF x < y THEN
        i := x;
    ELSE
        i := y;
    END IF;
    IF z < i THEN
        i := z;
    END IF;
    RETURN i;
END min;
FUNCTION min(x, y, z: Std_Logic_Vector) RETURN Std_Logic_Vector IS
    VARIABLE i: Std_Logic_Vector;
BEGIN
    IF x < y THEN    -- '<' 在程序包 IEEE.Std_Logic_Arith 中声明
        i := x;
    ELSE
        i := y;
    END IF;
    IF z < i THEN
```

```
            i := z;
        END IF;
        RETURN i;
    END min;
END minimum_1;
```

在上面的 3 个函数体中，其顺序语句的描述极其相似，但却有一个重要的差别：其中的比较运算符<在 3 个函数体中是不同的。前两个<是被 VHDL 预定义的，后一个<是在程序包 IEEE.Std_Logic_Arith 中声明的（见第 7.2.2 节），这些<也被重载的运算符。

例 4-6　不同参数个数的子程序重载

```
PACKAGE minimum_2 IS

    FUNCTION min(a, b: Integer) RETURN Integer;

    FUNCTION min(a, b, c: Integer) RETURN Integer;

    FUNCTION min(a, b, c, d: Integer) RETURN Integer;

END minimum_2;

PACKAGE BODY minimum_2 IS

    FUNCTION min(a, b: Integer) RETURN Integer IS

    BEGIN

        IF a < b THEN

            RETURN a;

        ELSE

            RETURN b;

        END IF;

    END min;

    FUNCTION min(a, b, c: Integer) RETURN Integer IS

        VARIABLE i: Integer;

    BEGIN

        IF a < b THEN

            i := a;

        ELSE

            i := b;

        END IF;

        IF c < i THEN

            i := c;

        END IF;

        RETURN i;

    END min;
```

```
  FUNCTION min(a, b, c, d: Integer) RETURN Integer IS
    VARIABLE i: Integer;
  BEGIN
    IF a < b THEN
      i := a;
    ELSE
      i := b;
    END IF;
    IF c < i THEN
      i := c;
    END IF;
    IF d < i THEN
      i := d;
    END IF;
    RETURN i;
  END min;
END minimum_2;
```

如果将例 4-5 和例 4-6 中的程序包结合并扩展一下，可以写成例 4-7 的形式。

例 4-7　不同参数类型和不同参数个数的子程序重载

```
LIBRARY IEEE;
USE IEEE.Std_Logic_1164.ALL;
USE IEEE.Std_Logic_Arith.ALL;
PACKAGE minimum IS
  FUNCTION min(a, b: Real) RETURN Real;
  FUNCTION min(a, b, c: Real) RETURN Real;
  FUNCTION min(a, b, c, d: Real) RETURN Real;
  FUNCTION min(a, b: Integer) RETURN Integer;
  FUNCTION min(a, b, c: Integer) RETURN Integer;
  FUNCTION min(a, b, c, d: Integer) RETURN Integer;
  FUNCTION min(a, b: Std_Logic_Vector) RETURN Std_Logic_Vector;
  FUNCTION min(a, b, c: Std_Logic_Vector) RETURN Std_Logic_Vector;
  FUNCTION min(a, b, c, d: Std_Logic_Vector) RETURN Std_Logic_Vector;
END minimum;
```

关于程序包 minimum 的包体，请读者参照例 4-4 和例 4-5 自行描述。

过程和函数同样可以被重载。

4.3.2 运算符重载

在 VHDL 中，运算符从广义上讲也是一种函数，因此运算符也可以被重载。例如在 IEEE1076 标准中，运算符+被预定义为用于标量类型中的整数、实数和物理量的加法运算，如果需要进行 Bit_Vector 类型的加法运算，则必须声明一个进行 Bit_Vector 类型加法运算的+函数，然后再进行重载调用。

例 4-8 Bit_Vector 类型的+函数

```
PACKAGE math IS
  FUNCTION"+"(l, r: Bit_Vector) RETURN Bit_Vector;
END math;
PACKAGE BODY math IS
  FUNCTION"+"(l, r: Bit_Vector) RETURN Bit_Vector IS
    CONSTANT length: Integer:= maximum(l' Length, r' Length);
    VARIABLE add_temp: Bit_Vector(length-1 DOWNTO 0);
    VARIABLE result: Bit_Vector(length DOWNTO 0) := (OTHERS =>'0');
  BEGIN
  IF l' Length > r' Length THEN
    add_temp:= l;
    FOR i IN 0 TO r' Length-1 LOOP
      result(i):= r(i);
    END LOOP;
  ELSE
    add_temp:= r;
    FOR i IN 0 TO l' Length-1 LOOP
    result(i):= l(i);
    END LOOP;
  END IF;
  FOR i IN 0 TO length-1 LOOP
    IF (add_temp(i) OR result(i) OR result(length)) = '0' THEN
      result(i):= '0';
      result(length):= '0';
    ELSIF (add_temp(i) AND result(i) AND result(length)) = '1' THEN
      result(i):= '1';
      result(length):= '1';
    ELSIF (add_temp(i) XOR result(i) XOR result(length)) = '0' THEN
      result(i):= '0';
```

```
            result(length):= '1';
        ELSE
            result(i):= '1';
            result(length):= '0';
        END IF;
    END LOOP;
    RETURN result;
    END FUNCTION;
END math;
```

在 IEEE 设计库的常用程序包 Std_Logic_1164、Std_Logic_Arith、Std_Logic_Unsigned 和 Std_Logic_signed 中，声明了相当多的可重载的运算符，请参阅第 7.2 节。

4.4 决断信号与决断函数

在第 3.3.3 节中，已经介绍了 VHDL 中多个驱动源驱动同一个信号的机制——决断信号。一个决断信号必须具有与之相关联的决断函数，即决断信号具有多个驱动源和一个决断函数。

4.4.1 决断信号的声明

如果一个信号没有被声明为决断信号，而这个信号却具有多个驱动源，则会出现错误。因此一个具有多个驱动源的信号，必须被声明为决断信号。

要声明一个信号为决断信号，有两种方法：一是在信号声明中直接包含决断函数；二是先声明一个决断子类型，然后用这个子类型声明一个信号，这种方法通常用于多个决断信号使用同一个决断函数的情况。

例如，一个 four_val 类型的决断信号 multi_driver_sig 的声明可以有下面两种形式：

```
SIGNAL multi_driver_sig: decide four_val;
```

```
SUBTYPE multi_driver IS decide four_val;
SIGNAL multi_driver_sig: multi_driver;
```

其中 decide 就是一个决断函数。

使用三态总线会给设计和制造带来诸多麻烦，如果不是绝对必要，最好不要将信号设计成三态总线的形式，即尽量不使用决断信号。

4.4.2 决断函数

决断函数的功能是对多驱动源的信号值的冲突进行仲裁，即对输入的所有驱动值进行判定，挑选一个竞争力最强的值返回，作为决断信号的最终值。输入决断函数的驱动值必须是元素类型与决断信号类型相同的一维非限定性数组，其返回值的类型与决断信号类型相同。

例 4-9 是一个 4 值逻辑的决断函数 decide 的例子。4 值逻辑的类型声明为：

```
TYPE four_val IS ('X', '0', '1', 'Z');
```

其中 four_val 类型的不同信号值的意义为：'X' 表示不确定值，'0' 表示逻辑 0 值，'1' 表示逻辑 1 值，'Z' 表示高阻值。为了判定一个 four_val 类型的决断信号的最终值，必须先规定 four_val 类型中不同信号值的竞争力，当两值竞争时，竞争力强的值胜出。

当两个不同的信号值相遇时，'Z' 无论遭遇 '0' 还是 '1'，都无法保持为 'Z'，因此竞争力较弱；当 '0' 遭遇 '1' 时，既无法保持为 '0'，也无法保持为 '1'，因此 '0' 和 '1' 的竞争力相当，此时的信号值定义为不确定值 'X'；而当 'X' 遭遇 four_val 类型中的任何一个信号值时，都将保持为 'X'，因此 'X' 的竞争力最强。

- 'X' 竞争力最强。
- '0'、'1' 竞争力中等。
- 'Z' 竞争力最弱。

例 4-9　4 值逻辑决断函数

```
PACKAGE example IS
TYPE four_val IS ('X', '0', '1', 'Z');
  TYPE four_val_vector IS ARRAY(Natural RANGE <>) OF four_val;
  FUNCTION decide(input: four_val_vector) RETURN four_val;
END example;
PACKAGE BODY example IS
  FUNCTION decide(input: four_val_vector) RETURN four_val IS
    VARIABLE result: four_val := 'Z';
  BEGIN
    FOR i IN input' Range LOOP
      CASE result IS
        WHEN 'Z' => CASE input(i) IS
                    WHEN '1' => result := '1';
                    WHEN '0' => result := '0';
                    WHEN 'X' => result := 'X';
                    WHEN OTHERS => NULL;
                    END CASE;
        WHEN '0' => CASE input(i) IS
                    WHEN '1'|'X' => result := 'X';
                    WHEN OTHERS => NULL;
                    END CASE;
```

```
            WHEN '1' => CASE input(i) IS
                           WHEN '0'|'X' => result := 'X';
                           WHEN OTHERS => NULL;
                           END CASE;
               WHEN OTHERS => NULL;  -- 等价于 WHEN'X' => NULL
            END CASE;
            EXIT WHEN result = 'X';
         END LOOP;
         RETURN result;
      END decide;
   END example;
```

在例 4-9 中，输入决断函数 decide 的实参是一个 four_val 类型的非限定性数组，数组元素的个数即为驱动源的个数。有几个驱动源，则决断函数 decide 内部的循环体最多执行几次；对每个驱动源的值进行比较，最后挑选竞争力最强的值作为返回值。

在程序包 Std_Logic_1164 中，Std_Logic 类型被声明为一个决断子类型。

TYPE Std_ULogic **IS** ('U', 'X', '0', '1', 'Z', 'W', 'L', 'H', '-');

TYPE Std_ULogic_Vector **IS ARRAY**(Natural **RANGE** <>) **OF** Std_ULogic;

SUBTYPE Std_Logic **IS** Resolved Std_ULogic;

其中 Resolved 就是一个决断函数。

FUNCTION Resolved(S: Std_ULogic_Vector) **RETURN** Std_ULogic;

这个决断函数在 Std_Logic_1164 的包体中声明，包体中还声明了用于转换信号值的常数。

TYPE stdlogic_table **IS ARRAY**(Std_ULogic, Std_ULogic) **OF** Std_ULogic;

CONSTANT resolution_table: stdlogic_table :=(

```
----------------------------------------------------------------------
--  | U    X    0    1    Z    W    L    H    -    | |
----------------------------------------------------------------------
  ('U', 'U', 'U', 'U', 'U', 'U', 'U', 'U', 'U' ), -- | U |
  ('U', 'X', 'X', 'X', 'X', 'X', 'X', 'X', 'X' ), -- | X |
  ('U', 'X', '0', 'X', '0', '0', '0', '0', 'X' ), -- | 0 |
  ('U', 'X', 'X', '1 ', '1', '1', '1', '1', 'X' ), -- | 1 |
  ('U', 'X', '0', '1 ', 'Z', 'W', 'L', 'H', 'X' ), -- | Z |
  ('U', 'X', '0', '1', 'W', 'W', 'W', 'W', 'X' ), -- |W|
  ('U', 'X', '0', '1', 'L', 'W', 'L', 'W', 'X' ), -- | L |
  ('U', 'X', '0', '1', 'H', 'W', 'W', 'H', 'X' ), -- |W|
```

```
     ('U', 'X', 'X', 'X', 'X', 'X', 'X', 'X', 'X' ) -- | - |
);
FUNCTION Resolved(s: Std_ULogic_Vector) RETURN Std_ULogic IS
    VARIBALE result: Std_ULogic := 'Z';
BEGIN
    IF(s' Length = 1)THEN
        RETURN s(s' Low);
    ELSE
        FOR i IN s' Range LOOP
            result := resolution_table(result, s(i));
        END LOOP;
    END IF;
    RETURN result;
END Resolved;
```

在函数体 Resolved 中，利用常数数组 resolution_table 进行了信号值的两两比较仲裁。resolution_table 是一个用枚举类型 Std_ULogic 作为下标的二维数组，数组中的元素就是纵横两个下标值（信号值）经过两两比较后的仲裁结果。

例如，第'W' 列第'0'行的元素为'0'，即'W' 遭遇'0' 之后 resolution_table('W', '0')='0'，说明'0'的竞争力高于'W'，仲裁结果输出'0'。

决断函数是在对决断信号进行赋值操作的时候，被 VHDL 模拟器隐含调用的，设计者不能像调用其他函数那样，在表达式中用显式方法来调用决断函数。

4.5 配置

在设计一个数字系统时，可以为一个设计实体构造多个结构体，也可以用多种描述方式来设计一个元件。虽然在最终用硬件实现时，只能选用其中一个结构体来实现实体，或者选用其中一种描述方式来实现元件，但在仿真时却可以用不同的结构体或者不同的元件来描述进行仿真，这样能够比较出不同结构体或者不同的元件描述方式之间的差别。

配置语句可以在仿真时指定一个实体声明与某个结构体之间相连接，或者指定一个例化元件与设计库中的某个元件描述相连接。配置语句对实体或者元件的硬件实现不产生影响，只是在仿真阶段指定某种连接关系。例如，实体与某个结构体之间的连接关系，或者例化元件与某个设计库中的某个元件之间的连接关系等，因此综合器将忽略配置语句。

利用配置语句，可以将复杂的多层次结构描述清晰化，从而增强其可读性。

4.5.1 默认连接和默认配置

如果在当前的 Work 设计库中描述了元件，或者在某个设计库中描述了元件，并且在当前实体声明之前用 LIBRARY 子句和 USE 子句声明了该设计库的话，则使得 Work 库或者被 LIBRARY 子句和 USE 子句声明的设计库中的元件，与当前设计实体相连接。在元件例化时，仿真器会将 Work 库或者被声明的设计库中的元件作为模板元件进行例化。因为这种连接没有使用配置语句，所以称之为默认连接。

在例 3-15 中，Work 库中已经描述了半加器 half_adder，并且由于 Work 库总是被隐含声明的，所以半加器 half_adder 就被默认地与设计实体 full_adder 相连接。这样在描述全加器的元件例化语句中，仿真器会将 Work 库中的 half_adder 作为模板元件例化成全加器中的元件 U0 和 U1。

假设半加器 half_adder 不是在 Work 库中被描述，而是在一个名为 component_lib 的设计库中的 component_pkg 程序包中的话，则必须在全加器的设计实体前进行声明。

LIBRARY component_lib;

USE component_lib.component_pkg.half_adder;

或者：

LIBRARY component_lib;

USE component_lib.component_pkg.**ALL**;

如果为一个设计实体描述了多个结构体，在仿真时仿真器会将最后编译的结构体与实体声明默认连接，即默认地仿真最后一个编译的结构体，这也是默认连接。

当要指定仿真某一个结构体（不一定是最后编译的结构体）时，则需要用配置语句来指定实体声明与某个结构体的连接关系——默认配置。

默认配置的声明格式如下：

CONFIGURATION 配置名称 OF 实体名称 IS

    FOR 结构体名称

    END FOR;

END 配置名称;

例 4-10 仿真全加器时的默认配置

LIBRARY IEEE;

USE IEEE.Std_Logic_1164.**ALL**;

ENTITY full_adder **IS**

  PORT (a, b, carry_in: **IN** Std_Logic;

      sum_out, carry_out: **OUT** Std_Logic);

END full_adder;

ARCHITECTURE rtl **OF** full_adder **IS**

  SIGNAL temp_sum: Std_Logic;

BEGIN

```
    temp_sum <= a XOR b;

    sum_out <= temp_sum XOR carry_in;

    carry_out <= (a AND b) OR (temp_sum AND carry_in);

END rtl;

ARCHITECTURE behv OF full_adder IS

BEGIN

  PROCESS(a, b, carry_in)

  CONSTANT carry: Std_Logic_Vector(3 DOWNTO 0):= "1100";

  CONSTANT sum: Std_Logic_Vector(3 DOWNTO 0):= "1010";

  VARIABLE i: Integer;

  BEGIN

    i := 0;

    IF a = '1' THEN

      i := i +1;

    END IF;

    IF b = '1' THEN

      i := i +1;

    END IF;

    IF carry_in = '1' THEN

      i := i +1;

    END IF;

    sum_out <= sum (i);

    carry_out <= carry(i);

  END PROCESS;

END behv;

CONFIGURATION config_rtl OF full_adder IS

  FOR rtl

  END FOR;

END config_rtl;
```

由于上面的 CONFIGURATION 指定在仿真全加器 full_adder 的时候，将仿真结构
体 rtl。如果需要仿真结构体 behv，则应当使用下面的默认配置来指定结构体 behv 与实
体声明 full_adder 相连接。

```
CONFIGURATION config_behv OF full_adder IS

  FOR behv

  END FOR;

END config_behv;
```

4.5.2 元件配置

如果在某个结构体中做元件例化时不使用默认连接，而需要指定某个元件作为模板元件与当前例化元件相连接时，则应当使用元件配置语句予以指定。

元件配置的声明格式如下：

CONFIGURATION 配置名称 **OF** 实体名称 **IS**

    FOR 结构体名称

        {**FOR** {例化元件名称|**OTHERS**|**ALL**}：模板元件名称|实体名称

               USE CONFIGURATION 设计库名称.配置名称 |

               USE ENTITY 设计库名称.实体名称(结构体名称)；

          [**GENERIC MAP**(类属映射表)；]

          [**PORT MAP**(端口映射表)；]

        END FOR；}

    END FOR；

  END 配置名称；

其中，**GENERIC MAP**(类属映射表)和 **PORT MAP**(端口映射表);是配置类属映射子句和配置端口映射子句，它们都是可选项。

当出现元件例化语句中的映射端口名称与元件声明语句中的端口名称不一致时，需要选用配置端口映射子句。

当需要向元件传递参数时，虽然可以在元件例化语句中通过类属映射传递参数，但一旦改变参数后，则需要重新编译元件例化语句所在的实体和结构体。而通过元件配置中的类属映射子句传递参数，则无须重新编译元件例化语句所在实体和的结构体。

下面是一个元件配置的例子。假设在例 2-4 的反相器 inverter 和两输入端与非门 nand2 的描述中，已经指定默认配置 config_inverter 和 config_nand2，则可以在 2 选 1 多路选择器 mux 的结构描述中，使用元件配置来对元件例化语句中的模板元件予以指定。

例 4-11　仿真 2 选 1 多路选择器时的元件配置

```
LIBRARY IEEE;
USE IEEE.Std_Logic_1164.ALL;
ENTITY inverter IS                    -- 非门的 VHDL 描述
  PORT(a: IN Std_Logic;
       b: OUT Std_Logic);
END inverter;
ARCHITECTURE inv_arch OF inverter IS
BEGIN
  b <= NOT a;
END inv_arch;
CONFIGURATION config_inverter OF inverter IS  -- 指定默认配置 config_inverter
```

```
    FOR inv_arch
    END FOR;
END config_inverter;


LIBRARY IEEE;
USE IEEE.Std_Logic_1164.ALL;
ENTITY nand2 IS                        -- 两输入端与非门的 VHDL 描述
  PORT(a, b: IN Std_Logic;
            c: OUT Std_Logic);
END nand2;
ARCHITECTURE nand2_arch OF nand2 IS
BEGIN
  c <= a NAND b;
END nand2_arch;
CONFIGURATION config_nand2 OF nand2 IS  -- 指定默认配置 config_nand2
  FOR nand2_arch
  END FOR;
END config_nand2;


LIBRARY IEEE;
USE IEEE.Std_Logic_1164.ALL;
ENTITY mux IS                          -- 2 选 1 多路选择器的 VHDL 描述
  PORT(a, b, c: IN Std_Logic;
            out1: OUT Std_Logic);
END mux;
ARCHITECTURE mux_arch1 OF mux IS        -- 结构描述
  SIGNAL a_n, b_n, c_not: Std_Logic;
  COMPONENT inverter
    PORT(a: IN Std_Logic;
          b: OUT Std_Logic);
  END COMPONENT;
  COMPONENT nand2
    PORT(a, b: IN Std_Logic;
            c: OUT Std_Logic);
  END COMPONENT;
```

```
BEGIN
   U0: inverter PORT MAP(a => c, b => c_not);
   U1: nand2 PORT MAP(a => a, b => c_not, c => a_n);
   U2: nand2 PORT MAP(a => b, b => c, c => b_n);
   U3: nand2 PORT MAP(a => a_n, b => b_n, c => out1);
END mux_arch1;
CONFIGURATION config1_mux OF mux IS          -- 元件配置
   FOR mux_arch1
      FOR U0: inverter USE CONFIGURATION Work.config_inverter;
      END FOR;
      FOR ALL: nand2 USE CONFIGURATION Work.config_nand2;
      END FOR;
   END FOR;
END config1_mux;
```

如果反相器 inverter 和两输入端与非门 nand2 未指定默认配置，而使用默认连接，则在上述元件配置中可以使用如下形式：

```
CONFIGURATION config2_mux OF mux IS
   FOR mux_arch1
      FOR U0: inverter USE ENTITY Work.inverter(inv_arch);
      END FOR;
      FOR U1, U2, U3: nand2 USE ENTITY Work.nand2(nand2_arch);
      END FOR;
   END FOR;
END config2_mux;
```

在元件例化语句中，端口映射时的名称通常与元件声明语句中的端口名称一致，此时为默认连接。如果映射时的端口名称与元件声明语句中的端口名称不一致，则需要用配置端口映射子句予以指定。

例 4-12 参数名称不一致时的元件配置

```
LIBRARY IEEE;
USE IEEE.Std_logic_1164.ALL;
ENTITY inverter IS                          -- 非门的 VHDL 描述
   PORT(a: IN Std_Logic;
        b: OUT Std_Logic);
END inverter;
ARCHITECTURE inv_arch OF inverter IS
BEGIN
   b <= NOT a;
```

```
END inv_arch;


LIBRARY IEEE;
USE IEEE.Std_Logic_1164.ALL;
 ENTITY nand2 IS                     -- 两输入端与非门的 VHDL 描述
   PORT(a, b: IN Std_Logic;
           c: OUT Std_Logic);
 END nand2;
 ARCHITECTURE nand2_arch OF nand2 IS
 BEGIN
   c <= a NAND b;
 END nand2_arch;


LIBRARY IEEE;
USE IEEE.Std_Logic_1164.ALL;
 ENTITY mux IS                       -- 2选1多路选择器的 VHDL 描述
   PORT(a, b, c: IN Std_Logic;
           out1: OUT Std_Logic);
 END mux;
 ARCHITECTURE mux_arch1 OF mux IS           -- 结构描述
   SIGNAL a_n, b_n, c_not: Std_Logic;
   COMPONENT inverter
     PORT(x: IN Std_Logic;
             y: OUT Std_Logic);
   END COMPONENT;
   COMPONENT nand2
     PORT(x, y: IN Std_Logic;
             z: OUT Std_Logic);
   END COMPONENT;
 BEGIN
   U0: inverter PORT MAP(x => c, y => c_not);
   U1: nand2 PORT MAP(x => a, y => c_not, z => a_n);
   U2: nand2 PORT MAP(x => b, y => c, z => b_n);
   U3: nand2 PORT MAP(x => a_n, y => b_n, z => out1);
 END mux_arch1;
```

```
CONFIGURATION config3_mux OF mux IS
    FOR mux_arch1
        FOR U0: inverter USE ENTITY Work.inverter(inv_arch);
            PORT MAP(x => a, y => b);
        END FOR;
        FOR U1, U2, U3: nand2 USE ENTITY Work.nand2(nand2_arch);
            PORT MAP(x => a, y => b, z => c);
        END FOR;
    END FOR;
END config3_mux;
```

4.5.3 结构体中声明的元件配置

在元件配置中，配置声明是独立于结构体的。有一种简单的元件配置声明形式，就是在结构体的声明语句部分直接声明配置。其声明格式如下：

> **FOR** {例化元件名称|**OTHERS**|**ALL**}: 模板元件名称|实体名称
>
>   **USE CONFIGURATION** 设计库名称.配置名称 |
>
>   **USE ENTITY** 设计库名称.实体名称(结构体名称);
>
> [**PORT MAP**(端口映射表);]

我们仍以 2 选 1 多路选择器为例，在结构体的声明语句中声明元件配置。

例 4-11' 在结构体中声明的元件配置

```
LIBRARY IEEE;
USE IEEE.Std_Logic_1164.ALL;
ENTITY mux IS                          -- 2 选 1 多路选择器的 VHDL 描述
    PORT(a, b, c: IN Std_Logic;
         out1: OUT Std_Logic);
END mux;
ARCHITECTURE mux_arch1 OF mux IS            -- 结构描述
    SIGNAL a_n, b_n, c_not: Std_Logic;
    COMPONENT inverter
        PORT(a: IN Std_Logic;
             b: OUT Std_Logic);
    END COMPONENT;
    COMPONENT nand2
        PORT(a, b: IN Std_Logic;
             c: OUT Std_Logic);
    END COMPONENT;
    FOR U0: inverter USE CONFIGURATION Work.config_inverter;
    FOR ALL: nand2 USE ENTITY Work.nand2(nand2_arch);
```

```
BEGIN
  U0: inverter PORT MAP(a => c, b => c_not);
  U1: nand2 PORT MAP(a => a, b => c_not, c => a_n);
  U2: nand2 PORT MAP(a => b, b => c, c => b_n);
  U3: nand2 PORT MAP(a => a_n, b => b_n, c => out1);
END mux_arch1;
```

可以看出，结构体声明的元件配置只不过是配置语句的另一种简化形式而已。

4.5.4　块的配置

如果在设计实体的结构描述中使用了块语句，则可以使用块配置来指定不同块中的各个元件在例化时与不同的模板元件如何连接。

块配置的声明格式如下：

```
CONFIGURATION 配置名称 OF 实体名称 IS
    FOR 结构体名称
        {FOR 块名称
        {FOR {例化元件名称|OTHERS|ALL}: 模板元件名称|实体名称
            USE CONFIGURATION 设计库名称.配置名称 |
            USE ENTITY 设计库名称.实体名称(结构体名称);
            [PORT MAP(端口映射表); ]
        END FOR; }
    END FOR; }
    END FOR;
END 配置名称;
```

例如，在 1 位全加器的结构描述中将其分为 sum 和 carry 两个块来描述，并在 carry 块内部再分出一个小一些的块 temp_carry，然后使用块配置为其例化元件指定模板元件。

例 4-13　1 位全加器结构描述的块配置

```
LIBRARY IEEE;
USE IEEE.Std_Logic_1164.ALL;
ENTITY xor2 IS                        -- 两输入端异或门的 VHDL 描述
  PORT(a, b: IN Std_Logic;
       c: OUT Std_Logic);
END xor2;
ARCHITECTURE xor2_arch OF xor2 IS
BEGIN
  c <= a XOR b;
END xor2_arch;
```

```
CONFIGURATION config_xor2 OF xor2 IS

  FOR xor2_arch

    END FOR;

END config_xor2;


LIBRARY IEEE;

USE IEEE.Std_Logic_1164.ALL;

ENTITY and2 IS                               -- 两输入端与门的 VHDL 描述

  PORT(a, b: IN Std_Logic;

        c: OUT Std_Logic);

END and2;

ARCHITECTURE and2_arch OF and2 IS

BEGIN

  c <= a AND b;

END and2_arch;

CONFIGURATION config_and2 OF and2 IS

  FOR and2_arch

    END FOR;

END config_and2;


LIBRARY IEEE;

USE IEEE.Std_Logic_1164.ALL;

ENTITY or2 IS                                -- 两输入端或门的 VHDL 描述

  PORT(a, b: IN Std_Logic;

        c: OUT Std_Logic);

END or2;

ARCHITECTURE or2_arch OF or2 IS

BEGIN

  c <= a OR b;

END or2_arch;

CONFIGURATION config_or2 OF or2 IS

  FOR or2_arch

    END FOR;

END config_or2;
```

```vhdl
LIBRARY IEEE;
USE IEEE.Std_Logic_1164.ALL;
ENTITY full_adder IS
    PORT (a, b, carry_in: IN Std_Logic;
            sum_out, carry_out: OUT Std_Logic);
END full_adder;

 ARCHITECTURE structure OF full_adder IS
    SIGNAL temp_sum, temp_c1, temp_c2: Std_Logic;
    COMPONENT xor2
      PORT(a, b: IN Std_Logic;
            c: OUT Std_Logic);
    END COMPONENT;
    COMPONENT and2
      PORT(a, b: IN Std_Logic;
            c: OUT Std_Logic);
    END COMPONENT;
    COMPONENT or2
      PORT(a, b: IN Std_Logic;
            c: OUT Std_Logic);
    END COMPONENT;
BEGIN
  sum: BLOCK
  BEGIN
    U0: xor2 PORT MAP(a => a, b => b, c => temp_sum);
    U1: xor2 PORT MAP(a => temp_sum, b => carry_in, c => sum_out);
  END BLOCK sum;
  carry: BLOCK
  BEGIN
    temp_carry: BLOCK
    BEGIN
      U2: and2 PORT MAP(a => a, b => b, c => temp_c1);
      U3: and2 PORT MAP(a => temp_sum, b => carry_in, c => temp_c2);
    END BLOCK temp_carry;
      U4: or2 PORT MAP(a => temp_c1, b => temp_c2, c => carry_out);
  END BLOCK carry;
```

```
  END structure;
CONFIGURATION config_add OF full_adder IS
  FOR structure
    FOR sum
      FOR U0, U1: xor2 USE CONFIGURATION Work.config_xor2;
      END FOR;
    END FOR;
    FOR carry
      FOR temp_carry
        FOR U2, U3: and2 USE ENTITY Work.and2(and2_arch);
        END FOR;
      END FOR;
      FOR U4: or2 USE CONFIGURATION Work.config_or2;
      END FOR;
    END FOR;
  END FOR;
END config_add;
```

块配置使得含有块语句的结构描述的层次清晰化，增强了多层次结构描述的可读性。

4.6 本章小结

本章主要介绍了 VHDL 的一些高级特性，例如子程序、程序包与设计库、重载、决断函数、配置等。其中蕴涵了 VHDL 的共享机制、可重用设计和多层次设计的技巧。

本章的重点内容如下：

（1）子程序——函数声明、过程声明。

（2）程序包——程序包声明、程序包体声明。

（3）重载——枚举类型的值重载、子程序重载、运算符重载。

（4）决断函数——决断信号声明、决断函数声明。

（5）配置——默认连接与默认配置、元件配置和块配置。

4.7 习题

1. 在 VHDL 描述中，每调用一个子程序，在硬件实现上意味着要付出什么代价？

2. VHDL 函数和过程的差别是什么？

3. 为什么在 VHDL 函数中不能出现 WAIT 语句和信号赋值语句？

4. 为什么在声明过程的参数中，不能有 BUFFER 模式的信号？

5. 什么是子程序重载？VHDL 如何区分被重载的子程序？

6. 在什么情况下，程序包中需要包体声明？

7. 下列程序包声明了一个 4 值逻辑类型 four_val 并且将标准逻辑类型 Std_Logic 的值转换成为 4 值逻辑值的类型转换函数 To_FourVal。请用 VHDL 描述该程序包的包体声明。

```
PACKGE conver_func IS

  TYPE four_val IS ('X', '0', '1', 'Z');

  FUNCTION To_FourVal(s: Std_Logic; xmap: four_val:= 'X') RETURN four_val;

END conver_func;
```

8. 决断信号与非决断信号的本质区别是什么？在 VHDL 中，如何声明决断信号？

9. 假设在对一个 VHDL 描述的仿真结果中，一个决断信号的值为'X'。如果没有针对这一现象修改相应的描述，则其综合结果产生的电路在工作时会发生什么情况？为什么？

10. 一个译码器的逻辑框图如图 4-2 所示。请用 VHDL 描述这个译码器：输入为一个 colors(red, green, yellow)类型的端口，信号名称为 lights；输出为 3 个 Std_Logic 类型的端口，信号名称分别为 red_light, green_light 和 yellow_light。当输入信号 lights = red 时，red_light = '1'，而其他输出信号为 '0'；当输入信号 lights = green 时，green_light = '1'，而其他输出信号均为 '0'；当输入信号 lights = yellow 时，yellow_light = '1'，而其他输出信号均为 '0'。

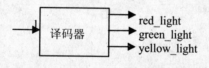

图 4-2 译码器逻辑框图

11. 请说明下列 VHDL 描述中 CONFIGRATION 的意义。

```
ENTITY multarcs IS
END;
ARCHITECTURE one OF multarcs IS
BEGIN
  REPORT "Using architecture one" SEVERITY Note;
END;
```

```
    ARCHITECTURE two OF multarcs IS
    BEGIN
      REPORT "Using architecture two" SEVERITY Note;
    END;
    CONFIGURATION arcscon1 OF multarcs IS
      FOR two
      END FOR;
    END;
```

第 5 章　VHDL 描述的实现

☀ **学习目标**

　　本章通过一个 VHDL 设计实例的硬件实现过程,使读者了解 Quartus II 集成开发环境的运用,以及数字系统设计的硬件验证过程——创建项目→设计输入→器件设置→编译→仿真→引脚锁定→下载编程。

学习重点	Quartus II 集成软件的安装	编译设计项目
	创建工程项目文件	仿真设计项目
	输入设计文件	下载编程
	目标器件设置	

　　数字系统的不同设计层次,包含描述、划分、综合和验证等设计工作。写出系统或者电路模块的 VHDL 描述,只是设计工作的第一步。此后还要应用 EDA 工具中的验证模块和综合模块,对系统或者电路模块的 VHDL 描述进行验证和综合,并且对综合结果再次进行验证。在逻辑综合结果——门级网表的基础上,经过版图综合最终得到几何描述——系统或者电路模块的硬件实现。

　　许多公司都开发了种类丰富、功能强大的 EDA 工具,本书中无法一一介绍。在本章中,我们以 Altera 公司推出的 EDA 集成软件 Quartus II 为例,介绍基于 FPGA 的 VHDL 描述实现方法。

5.1　EDA 集成软件 Quartus II

　　Altera 公司推出的 EDA 集成软件 Quartus II 是一款支持多种设计输入方法、具有综合工具和仿真工具、功能强大的开发环境。它支持图形编辑输入、文本编辑输入(VHDL、Verilog HDL 和 AHDL)、符号编辑输入和内存编辑输入等输入方法,具有编译器、逻辑综合器、仿真器和针对可编程逻辑器件进行下载编程等功能。

5.1.1　安装 Quartus II

　　Quartus II v8.0 for Windows 可以在 Windows Vista(32/64Bit)、Windows XP Pro x64、Windows XP SP2 和 Windows 2000 等操作系统下运行。

　　(1)将 Quartus II v8.0 for Windows 安装光盘放入计算机的光驱中,自动启动或者双击 install.exe 文件启动安装程序,将出现图 5-1 所示的安装界面。

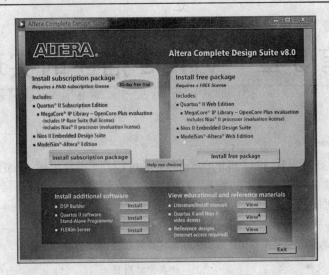

图 5-1　集成软件 Quartus II v8.0 for windows 安装界面

单击 Install subscription package 按钮将安装 Quartus II 订购版，而单击 Install free package 将安装 Quartus II 的免费网络版，此外还有 DSP Builder、Quartus II software Stand-Alone Programmer、FLEXlm Server 等附加安装选项。

Quartus II 软件免费网络版包含了订购版的大部分功能，但不支持某些器件和某些高级功能，例如知识产权核 MegaCore®、HardCopy®工具、虚拟 I/O 引脚、FIFO Partitioner 宏功能和高级教程等，而且其授权文件的有效期限只有 150 天。

有关 Quartus II 软件的具体订购信息请参阅 Altera 公司的网站:

http://www.altera. com.cn/products/software/order/ord-subscription.html。

（2）在图 5-1 所示的安装界面中单击 Install subscription package 按钮后，将出现图 5-2 所示的安装软件选择界面。在此界面中，用户可以选择需要安装的 Quartus II 软件、嵌入式软核处理器设计包 Nios II Embedded Design Suite 和第三方仿真工具 ModelSim Altera Edition，此外还可以选择"推荐安装"或者"自定义安装"模式。

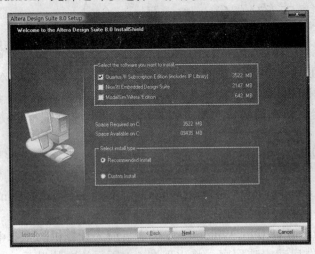

图 5-2　Quartus II v8.0 安装软件选择界面

（3）在图 5-2 所示的安装软件选择界面中，选择要安装的软件和安装模式之后，单击 Next 按钮，将出现图 5-3 所示的协议界面。

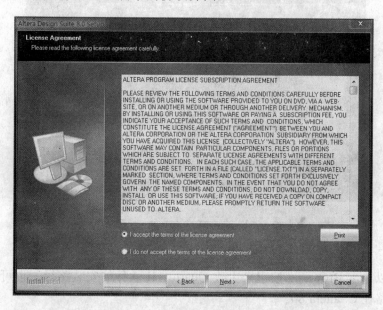

图 5-3 Quartus II v8.0 软件协议

（4）在图 5-3 所示的软件协议界面中，选择接受许可协议条款 I accept the terms of the license agreement 并单击 Next 按钮，将出现图 5-4 所示的用户名和公司信息界面。

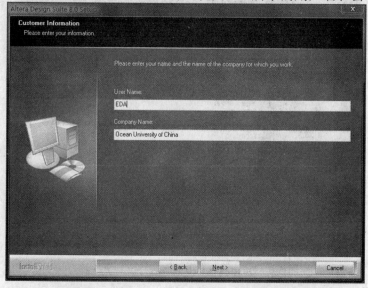

图 5-4 Quartus II v8.0 软件用户名和公司信息

（5）在图 5-4 所示的用户名和公司信息界面中，输入用户名和公司信息后，单击 Next 按钮，将出现图 5-5 所示的软件安装路径选择界面。

127

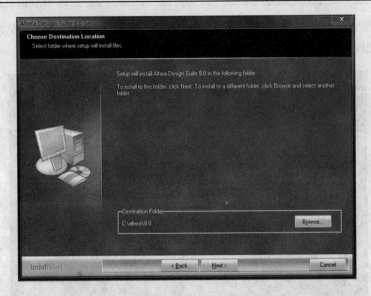

图 5-5　Quartus II v8.0 软件安装路径选择

用户可以单击 Browse…按钮来更改 Quartus II 软件的安装路径，也可以保留选择默认的安装路径 C:\altera\80。

（6）在图 5-5 所示的软件安装路径选择界面中，选择软件安装路径后单击 Next 按钮，将出现图 5-6 所示的程序文件夹选择界面。

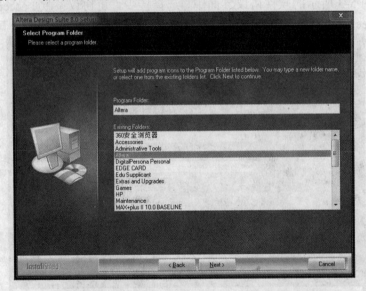

图 5-6　Quartus II v8.0 软件程序文件夹选择

用户可以选择默认的程序文件夹 Altera，也可以在 Program Folder 中输入自定义程序文件夹名。

（7）在图 5-6 所示的程序文件夹选择界面中，选择程序文件夹后单击 Next 按钮，将开始安装 Quartus II 软件，并出现图 5-7 所示的软件安装过程界面。在这个界面中，会出现一个表示安装进度的活动彩条。

图 5-7　Quartus II v8.0 软件安装过程

（8）软件安装完毕后，会出现图 5-8 所示的软件安装完成界面。

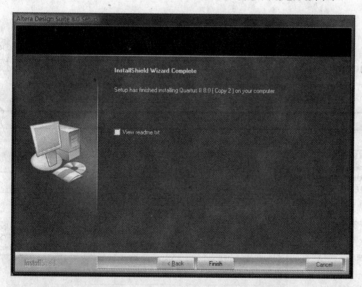

图 5-8　Quartus II v8.0 软件安装完成

至此，Quartus II 已经安装完毕，此时可以选择"开始→程序→Altera→Quartus II 8.0
→Quartus II 8.0（32-Bit）"选项，运行 Quartus II 集成开发环境。

5.1.2　设置授权文件路径

虽然在 Quartus II 软件安装完毕之后，已经可以运行该软件了，但要正常发挥
Quartus II 软件的编译、仿真、综合等功能，还必须设置有效授权文件路径。用户可以
通过在 Altera 公司的网站 http://www.altera.com 的 licensing 网页中，填写并上传用户购

置软件的相关信息以申请授权文件。当授权申请成功之后，由 Altera 公司将授权文件 license.dat 电邮给用户。

在获得授权文件之后，应在 Quartus II 集成开发环境中设置授权文件的路径。

（1）运行 Quartus II 集成开发环境，在未设置有效的授权文件路径时，将出现图 5-9 所示的无效授权文件提示界面。

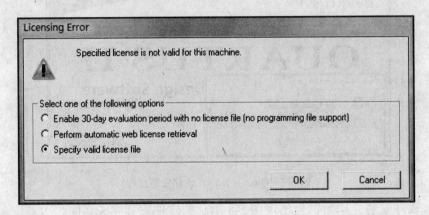

图 5-9　授权文件无效的提示

（2）在图 5-9 所示的无效授权文件提示界面中，选择指定有效授权文件选项 Specify valid license file，然后单击 OK 按钮，将出现图 5-10 所示的授权文件设置界面。

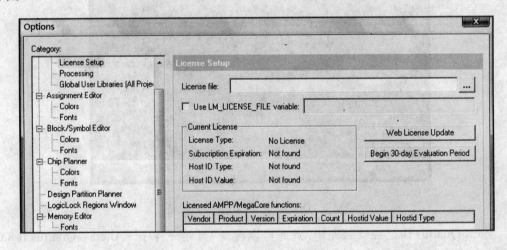

图 5-10　授权文件设置

（3）在图 5-10 所示的授权文件指定界面的 License file 中，使用 ┄ 按钮来选择或输入有效的授权文件路径（例如 C:\altera\80\quartus\LICENES.DAT）后，将出现图 5-11 所示的授权文件设置完毕界面。

（4）在图 5-11 所示的授权文件设置完毕界面中，单击 OK 按钮，从而完成授权文件的设置。至此，已经可以正常使用 Quartus II 集成开发环境了。

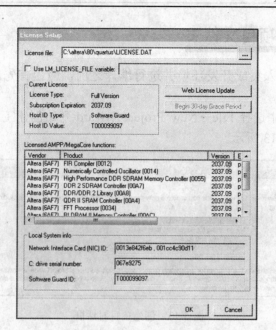

图 5-11　授权文件设置完毕

5.2　VHDL 描述的硬件实现

Quartus II 的设计流程一般为：创建项目→设计输入→器件设置→编译→仿真→引脚锁定→下载编程。

本节将讲述如何运用 Quartus II 集成开发环境，基于 FPGA 实现一个三相六拍顺序脉冲发生器的 VHDL 描述。

运行 Quartus II 软件后的初始界面如图 5-12 所示。

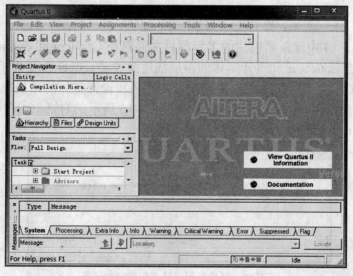

图 5-12　运行 Quartus II 的初始

5.2.1 创建工程项目文件

在将设计实体输入集成开发环境并进行编译之前，应当首先创建针对该设计实体的工程项目文件。

（1）在图 5-12 中选择 File→New Project Wizard 开始创建工程项目文件，出现创建项目对话框如图 5-13 所示。

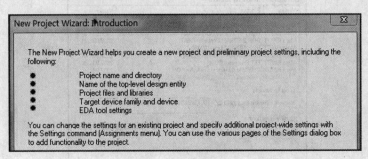

图 5-13　创建项目对话框

（2）在图 5-13 中单击 Next 按钮后出现创建工程项目文件名对话框，如图 5-14 所示。

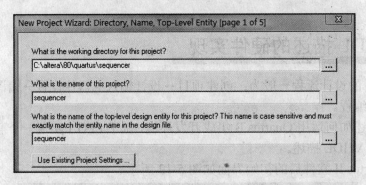

图 5-14　创建工程项目文件名对话框

（3）在图 5-14 中键入欲创建的工程项目文件路径 C:\altera\80\quartus\sequencer、工程项目文件名 sequencer 和设计实体的顶层描述文件名 sequencer（为了简洁起见，在该实例中，将工程项目文件路径、工程项目文件名和设计实体的顶层描述文件名均使用 sequencer），然后单击 Next 按钮，在出现的图 5-15 所示的对话框中单击"是"按钮，则将出现图 5-16 所示的添加设计文件名对话框。

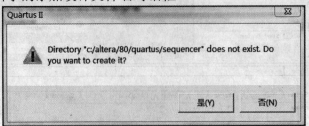

图 5-15　创建工程项目文件路径对话框

（4）在图 5-16 中添加所有与设计实体相关的已经存在的设计文件名，包括顶层描述文件和其他描述文件。如果没有设计文件，则直接单击 Next 按钮，进入图 5-17 所示的器件选择对话框。

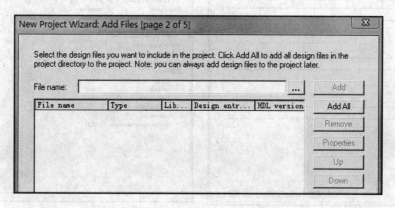

图 5-16　添加设计文件名对话框

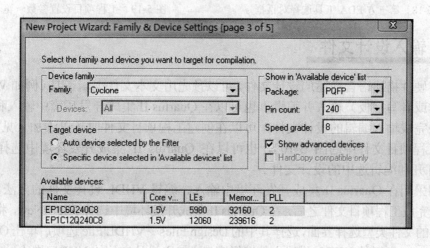

图 5-17　器件选择对话框

（5）根据在目标板上具体使用的可编程逻辑器件，在图 5-17 中选择器件的类型和型号（本例中，目标板上使用 Cyclone 系列的 EP1C6Q240C8 芯片），以及封装形式和速度等级（本例中，封装形式为 PQFP，引脚数为 240，速度等级为 8）。器件选择完毕单击 Next 钮，进入第三方 EDA 工具选择对话框，如图 5-18 所示。

（6）在图 5-18 所示的第三方 EDA 工具选择对话框中，可以选择第三方的设计输入/综合工具、仿真工具和时序分析工具等 EDA 工具。如果未做选择，则默认采用 Quartus II 内含的所有设计工具。然后单击 Next 按钮，出现图 5-19 所示的工程项目设置参数一览表。如果设置不正确，可以通过单击 Back 按钮，返回上一级对话框，修改相应的设置。如果设置正确，则单击 Finish 按钮结束创建工程项目文件工作。

至此已完成创建工程项目文件，可以输入设计文件了。

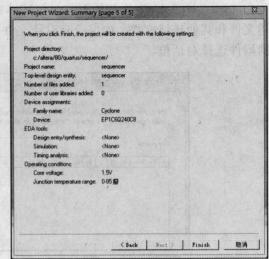

图 5-18　第三方 EDA 工具选择对话框　　　　　图 5-19　工程项目设置参数一览表

5.2.2　输入设计文件

采用硬件描述语言描述的设计文件,可以预先用文本文件编辑工具(例如 Windows 的记事本或者写字板)输入并编辑,也可以在 Quartus II 集成开发环境中输入和编辑。对于事先完成输入编辑的设计文件,可以在创建工程项目文件时予以添加(见第 5.2.1 节创建工程项目文件中的图 5-16),也可以在 Quartus II 集成开发环境中选择 File→Open,打开和编辑选中的设计文件。

本例采用在 Quartus II 集成开发环境中输入、编辑 VHDL 设计文件的方法。

创建完成工程项目文件之后,在 Quartus II 集成开发环境中选择 File→New,将出现图 5-20 所示的文件类型选择界面,选择其中的 Design Files→VHDL File 选项后单击 OK 按钮,即可在图 5-21 所示的 VHDL 描述文件编辑窗口中输入设计实体的 VHDL 描述。

图 5-20　文件类型选择界面　　　　　　　图 5-21　设计文件编辑界面

本例所设计的三相六拍顺序脉冲发生器具有 3 个输入信号：时钟信号 clk、禁止信号 ind 和方向信号 dir，以及 a、b、c 三相脉冲输出信号，引脚图如图 5-22 所示。其 VHDL 描述如下：

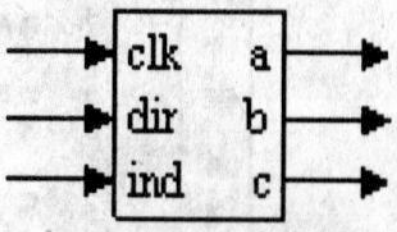

```
LIBRARY IEEE;
USE IEEE.Std_Logic_1164.ALL;
ENTITY sequencer IS
    PORT(clk, ind, dir: IN Std_Logic;
            a, b, c: OUT Std_Logic);
END sequencer;
ARCHITECTURE behavl_seq OF sequencer IS
    SIGNAL x: Std_Logic_vector(2 DOWNTO 0);
BEGIN
    PROCESS(clk, ind)
    BEGIN
    IF ind = '1' THEN
        x <= (OTHERS => '0' );
    ELSIF (clk'Event AND clk = '1' ) THEN
        CASE x IS
        WHEN "001" => IF dir = '0' THEN x <= "011"; ELSE x <= "101"; END IF;
        WHEN "011" => IF dir = '0' THEN x <= "010"; ELSE x <= "001"; END IF;
        WHEN "010" => IF dir = '0' THEN x <= "110"; ELSE x <= "011"; END IF;
        WHEN "110" => IF dir = '0' THEN x <= "100"; ELSE x <= "010"; END IF;
        WHEN "100" => IF dir = '0' THEN x <= "101"; ELSE x <= "110"; END IF;
        WHEN "101" => IF dir = '0' THEN x <= "001"; ELSE x <= "100"; END IF;
        WHEN OTHERS=> x <= "001";
        END CASE;
    END IF;
    END PROCESS;
    a <= x(0);
    b <= x(1);
    c <= x(2);
END behavl_seq;
```

图 5-22 三相六拍顺序
脉冲发生器引脚

将三相六拍顺序脉冲发生器的 VHDL 描述输入至图 5-21 所示的 VHDL 描述文件编辑窗口中，并选择 File→Save 选项存储为 sequencer.vhd，如图 5-23 所示。

```
  1    LIBRARY IEEE;
  2    USE IEEE.Std_logic_1164.ALL;
  3  ENTITY sequencer IS
  4      PORT(clk,ind,dir:IN Std_logic;
  5           a,b,c:OUT Std_logic);
  6    END sequencer;
  7  ARCHITECTURE behavl_seq OF sequencer IS
  8      SIGNAL x:Std_logic_vector(2 DOWNTO 0);
  9  BEGIN
 10      PROCESS(clk,ind)
 11      BEGIN
 12      IF ind = '1' THEN
 13        x <= (OTHERS => '0');
 14      ELSIF clk'Event AND clk = '1' THEN
 15        CASE x IS
 16          WHEN "001" => IF dir = '0' THEN x <= "011";ELSE x <= "101";END IF;
 17          WHEN "011" => IF dir = '0' THEN x <= "010";ELSE x <= "001";END IF;
 18          WHEN "010" => IF dir = '0' THEN x <= "110";ELSE x <= "011";END IF;
 19          WHEN "110" => IF dir = '0' THEN x <= "100";ELSE x <= "010";END IF;
 20          WHEN "100" => IF dir = '0' THEN x <= "101";ELSE x <= "110";END IF;
 21          WHEN "101" => IF dir = '0' THEN x <= "001";ELSE x <= "100";END IF;
 22          WHEN OTHERS=> x <= "001";
 23        END CASE;
 24      END IF;
 25      END PROCESS;
 26      a <= x(0);
 27      b <= x(1);
 28      c <= x(2);
 29  END behavl_seq;
```

图 5-23 三相六拍顺序脉冲发生器 VHDL 描述文件

5.2.3 器件设置

输入设计文件之后，如果该设计只须验证一下设计思路是否正确，而无须在目标板上实现的话，就可以直接进行编译了。但为了能够在目标板上实现该设计，还应当在编译之前，先进行器件设置。

（1）器件选择。在 Quartus II 集成环境中选择 Assignments→Device 选项，将出现图 5-24 所示的目标器件设置界面。如果在创建工程项目文件时跳过了器件选择一项，则这时仍然可以根据目标板上具体使用的器件来选择器件类型和型号，以及封装形式和速度等级；如果已经选择了目标器件，则可以跳过器件选择这一步。

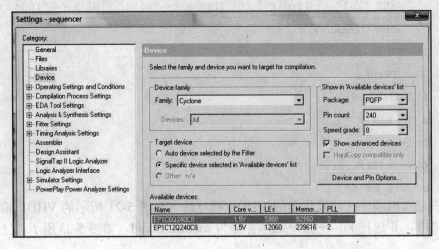

图 5-24 目标器件设置界面

　　（2）设置器件的配置方式。在图 5-24 中单击 Device and Pin Options…按钮后，将出现器件与引脚选项界面。在该界面中单击 General 按钮，然后勾选 Auto-restart configuration after error 复选框，如图 5-25 所示。在该界面的下方，随时能够显示用户所选内容的注解 Description。

　　（3）设置配置器件及其编程模式。在器件与引脚选项界面中单击 Configuration 选项卡，然后选择 Configuration device 为 EPCS4，Configuration scheme 为 Active Serial，即主动串行模式。选择何种编程模式，与目标板上所使用的目标器件有关。在本例中，编程模式为主动串行模式，配置器件为 EPCS4。因为 Cyclone 类型的器件可以识别经过压缩的配置数据，所以勾选 Generate compressed bitstreams 复选框，如图 5-26 所示。

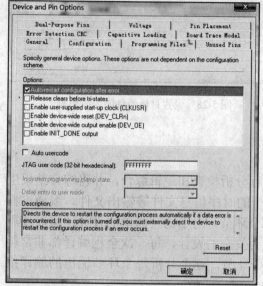

图 5-25　设置器件的配置方式

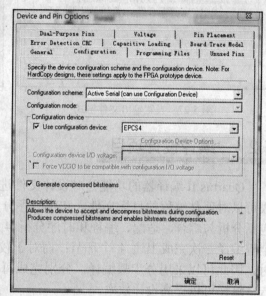

图 5-26　设置配置器件及其编程模式

　　（4）设置输出文件格式。在器件与引脚选项界面中单击 Programming Files 选项卡，然后勾选 Hexadecimal (Intel-Format) Output File (.hexout)复选框，并选择起始地址为 0 和递增方式 Up，如图 5-27 所示。该设置可以产生二进制配置文件，用于由 EPROM 构成的配置电路。如果目标板不采用这种方式配置数据，则可以跳过这一步。

　　（5）设置目标器件的闲置引脚。在器件与引脚选项界面中单击 Unused Pins 选项卡，然后在 Reserve all unused pins 下拉列表框中选择 As input tri-stated 选项，如图 5-28 所示。由于很多情况下目标板上可编程逻辑器件的闲置引脚都有冗余设计，并且连接到系统的其他器件上，所以建议设置可编程逻辑器件的闲置引脚为三态输入引脚，这样实际上呈现高阻态，不会对目标板产生不利影响。

　　在图 5-28 所示的器件与引脚选项界面中单击“确定”按钮，从而完成对器件的基本设置工作，之后便可以对 VHDL 描述文件进行编译了。

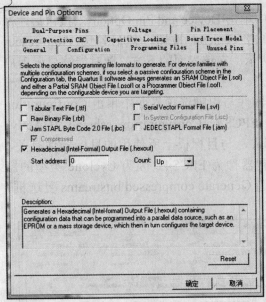

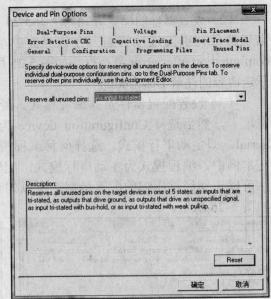

图 5-27　设置输出文件格式　　　　图 5-28　设置目标器件的闲置引脚

5.2.4　编译设计项目

Quartus II 编译器的功能是对设计文件进行分析检查和逻辑综合，并将综合结果生成可以对器件编程的目标文件，和供时序分析的时序信息文件等输出文件。编译过程包括分析与综合、适配、编程和时序分析 4 个环节。对于比较简单的设计，可以使用全程编译一次完成上述 4 个环节；而对于较为复杂的设计，每一次全程编译都非常耗时，因此可以采用分步骤编译，分别完成每个环节，逐个分析每个环节输出的编译报告，这样可以提高设计效率。

（1）在进行编译之前，应当先对与编译有关的工程参数进行设置。选择 Assignments→Setting→Compilation Process Settings 选项，弹出编译设置界面如图 5-29 所示。

在编译设置界面中勾选 Use smart compilation 复选框可以加快重编译的速度；勾选 Preserve fewer node names to save disk space 复选框，可以减少编译过程中的节点名称从而节省磁盘空间；勾选 Run Assembler during compilation 复选框，则在编译过程中包含编程环节。其他各个复选框的含义在编译设置界面下方的 Description 中均有描述，请读者自行体验。

（2）选择 Assignments→Setting→Analysis & Synthesis Settings 选项，出现分析与综合设置界面如图 5-30 所示。

在分析与综合设置界面的 Optimization Technique 单选按钮组中，选择 Speed 则在综合时优先考虑器件的工作速度，但可能以占用较多的逻辑资源为代价；选择 Area 则优先考虑尽可能少得占用逻辑资源，然而可能会降低器件的工作速度；选择 Balanced 则会在综合时均衡考虑工作速度和逻辑资源两个方面。用户可以根据设计的具体需求来选择逻辑优化选项。

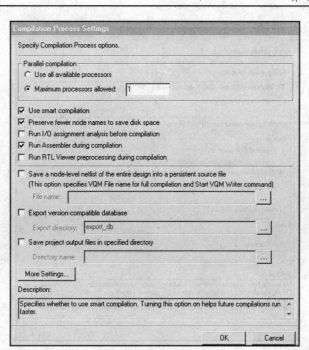

图 5-29　编译设置界面

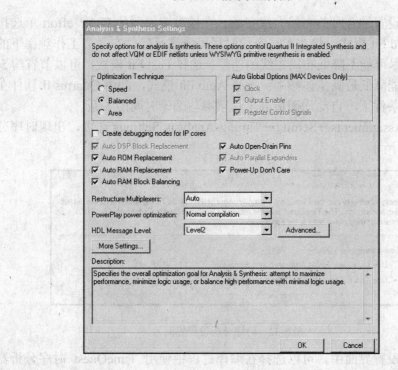

图 5-30　分析与综合设置界面

（3）选择 Assignments→Setting→Fitter Settings 选项，出现适配设置界面如图 5-31 所示。

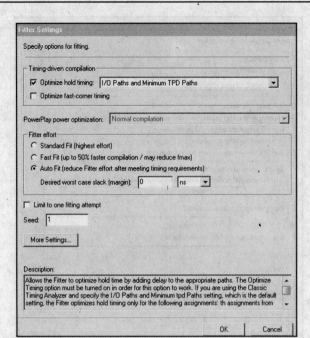

图 5-31　适配设置界面

适配设置将设置综合时的布局布线参数。在该设置界面的 Fitter effort 单选按钮组中，选择 Standard Fit 模式，将在布局布线时尽可能满足器件在最高工作频率下的时序约束条件，同时尽可能不降低布局布线的速度；选择 Fast Fit 模式，可以节省约 50%的编译时间，但可能降低最高工作频率；选择 Auto Fit 模式，则由 Quartus II 软件在满足设计的时序约束条件下，自动均衡最高工作频率与编译时间的关系。

（4）选择 Assignments→Setting→Timing Analysis Settings 选项，出现时序分析设置界面如图 5-32 所示。

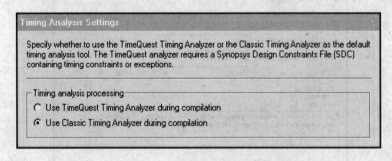

图 5-32　时序分析设置界面

在时序分析设置界面中，可以选择在编译过程中使用 TimeQuest 时序分析器，或者使用经典的时序分析器。

（5）将与编译有关的工程参数设置完毕之后，就可以选择 Processing→Start Compilation 选项进行全程编译了。根据设计的复杂程度不同和编译参数的设置不同，编译时间会有所不同。编译过程的界面如图 5-33 所示。

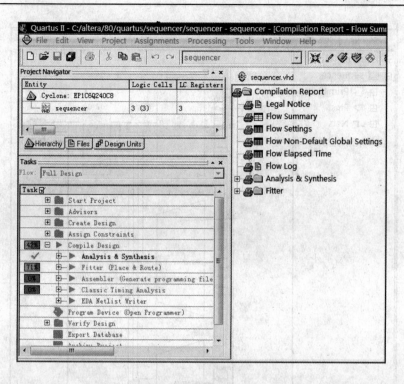

图 5-33　编译过程界面

（6）编译完成之后会出现编译报告界面，显示工程项目文件的有关编译信息，如图 5-34 所示。

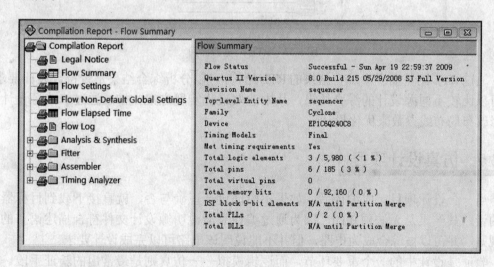

图 5-34　编译报告界面

（7）Quartus II 软件还设置有 RTL 浏览器，选择 Tools→Netlist Viewers→RTL Viewer 选项，可以观察设计综合结果的 RTL 结构。例如，本例设计的三相六拍顺序脉冲发生器的综合结果如图 5-35 所示。

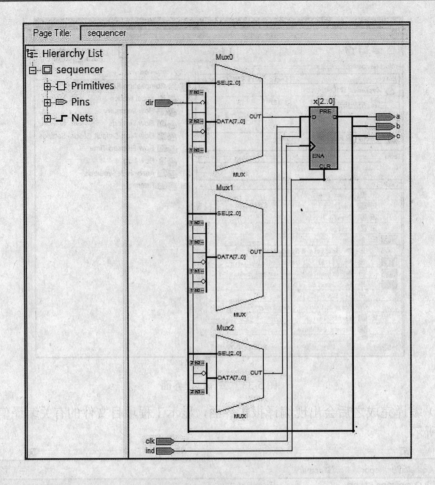

图 5-35　RTL 浏览器界面

通过 RTL 浏览器观察综合结果的 RTL 结构,可以分析综合结果是否符合设计要求,也可以比较不同源设计的综合结果,从中选取最优实现方案,抑或通过修改源设计或者修改布局布线参数来优化设计。

5.2.5　仿真设计项目

当一个设计项目完成编译后,如果不验证设计正确与否,就直接下载到目标器件中的话,其结果是无法预知的。因为通过编译只能说明源设计文件符合描述语言的语法规则,并可以被综合成为电路,但并不能说明该电路可以完成设计要求。

验证是设计中的一个重要环节,而逻辑模拟——仿真则是最常用的验证手段。使用 Quartus II 仿真设计项目,首先要编辑仿真波形文件并存盘,然后运行 Quartus II 的仿真器。

(1)在 Quartus II 集成开发环境下选择 Files→New 选项,出现图 5-20 所示的文件类型选择界面,选择其中的 Verification/Debugging Files→Vector Waveform File 选项并单击 OK 按钮,将出现图 5-36 所示的仿真波形文件编辑窗口。

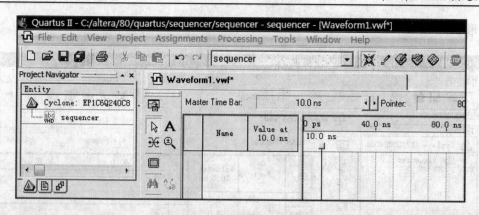

图 5-36　仿真波形文件编辑界面

（2）选择 Edit→Insert→Insert Node or Bus…选项，将弹出图 5-37 所示的插入节点或总线对话框，单击其中的 Node Finder…按钮，将弹出 Node Finder 对话框，然后从其中的 Filter 下拉列表中选择 Pins: all，再单击 List，此时将在 Nodes Found 栏中列出所有的节点名称。在其中选择欲观察仿真波形的节点，然后单击 › 按钮将其加入到右侧的 Selected Nodes 栏中，如图 5-38 所示。

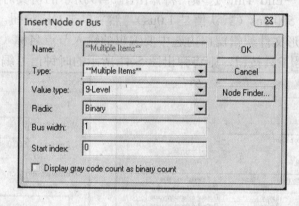

图 5-37　插入节点或总线对话框

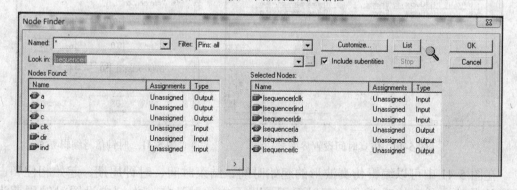

图 5-38　节点选择界面

（3）在图 5-38 中单击 OK 按钮，然后单击图 5-37 中的 OK 按钮，则会在仿真波形文件编辑窗口中出现刚才选择的节点名称，如图 5-39 所示。此时可以编辑输入节点的波形了。

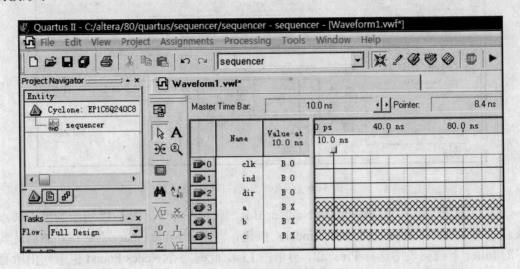

图 5-39　仿真波形文件编辑界面

（4）选择 Edit→End Time 选项，将弹出图 5-40 所示的仿真时间设置界面。设置其中的 Time 选项为 500.0ns（默认值是 1.0μs），然后单击 OK 按钮。

（5）在仿真波形文件编辑窗口内选中要编辑的输入节点名称（例如 clk），然后单击左侧工具栏中的工具按钮，则将弹出图 5-41 所示的时钟信号编辑界面。

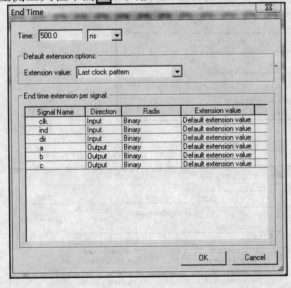

图 5-40　仿真时间设置界面

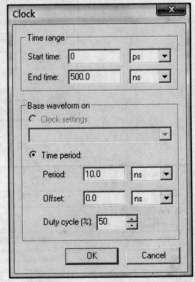

图 5-41　时钟信号编辑界面

在图 5-41 中可以编辑仿真波形的起始时间、结束时间、时钟周期、起始相位和占空比等参数，若无特殊要求，可以采用该界面中的默认值。本例中设置时钟周期为 20.0ns。编辑完上述参数之后，单击 OK 按钮，接着依次选中下一个输入节点名称，然后在波形编辑区内选中要编辑的时间段，单击左侧工具栏中的逻辑值。例如本例中输入信号 ind 在 0~20.0ns 时间段内设置为逻辑值 1，20.0~500.0ns 时间段内设置为逻辑值 0；输入信号 dir 在 0~260.0ns 时间段内设置为逻辑值 0，在 260.0~500.0ns 时间段内设置为逻辑值 1。输入节点波形编辑完毕后选择 File→Save 选项，并以 sequencer.vwf 的文件名保存。仿真波形文件编辑界面如图 5-42 所示。

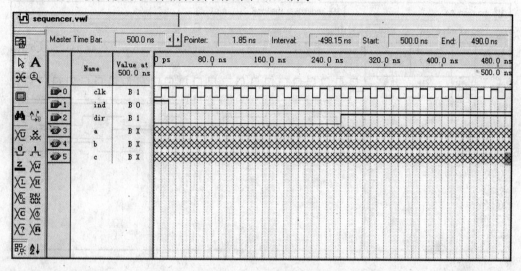

图 5-42　仿真波形编辑界面

（6）仿真波形文件编辑完毕之后，在进行仿真之前，应当先设置仿真模式。由于设计的复杂程度不同，仿真时间会有所不同。对于复杂的设计，设计被划分成不同层次的众多模块，描述文件也有顶层描述文件和其他层次描述文件之分，仿真也很耗时，此时应当将仿真模式设置为耗时较少的功能仿真。

当功能仿真结果满足设计要求之后，再进行较为耗时的时序仿真，这样可以提高仿真效率。而对于比较简单的设计，则可以省略功能仿真，直接进行时序仿真即可。

选择 Assignment→Settings…→Simulator Settings 菜单项，然后在图 5-43 所示的仿真设置界面中，选择仿真模式 Simulation mode 下拉列表框中的 Functional 或者 Timing 并单击 OK 按钮。本例中将仿真模式设置为时序仿真 Timing。

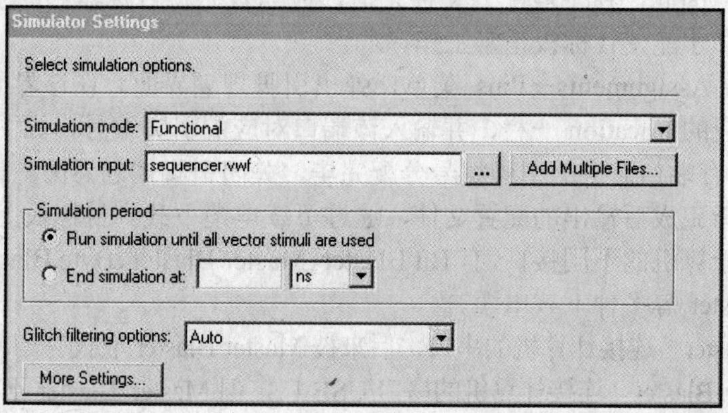

图 5-43　仿真设置界面

（7）选择 Processing→Start Simulation 菜单开始仿真。仿真完毕之后，将出现仿真结果波形界面，并可以选择 File→Save Current Report Section As…将仿真报告存储为 Sequencer.sim，如图 5-44 所示。

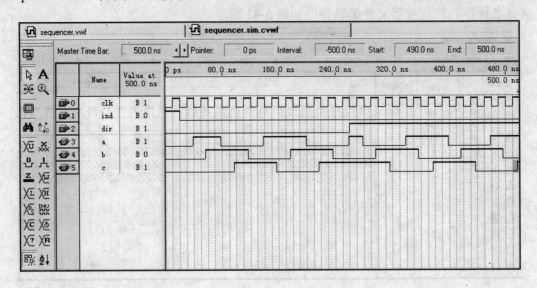

图 5-44　时序仿真结果波形界面

（8）观察图 5-44 中仿真结果的信号波形，分析输出信号与输入信号之间的关系是否符合设计要求。如果不符合设计要求，则要查找原因，并修改设计文件中的相应描述，然后重新编译和仿真，直到仿真结果符合设计要求为止。

5.2.6　下载编程

当设计文件的仿真通过之后，就可以将编译输出的配置文件下载到目标板上了。然而，我们在前面编译和仿真设计项目时，重点是使描述文件符合设计要求，并未关心目标板上的器件引脚是如何分配的。编译时器件的引脚是由 Quartus II 软件自动分配到各个端口的。因此，在下载配置文件之前，应当首先将目标器件的引脚锁定到相应的端口上，这样才能使目标板正常工作。

（1）选择 Assignments→Pins 菜单，弹出引脚规划界面。在该界面中逐个单击每个端口名称对应的 Location 一栏，并输入该端口对应的引脚编号，如图 5-45 所示。

（2）将所有端口对应的引脚编号分配完毕，关闭引脚规划界面。重新编译设计项目，然后将编译完成后输出的配置文件，通过下载电缆下载到目标板上。

根据连接计算机的不同接口，有 Bit Blaster、Master Blaster、Byte Blaster、USB Blaster 和 Ethernet Blaster 等多种下载电缆。

- Bit Blaster　连接计算机的串口，后来被 Master Blaster 取代。
- Master Blaster　连接计算机的串口/USB 口，但 Master Blaster 不支持主用串行编程模式和 SignalTap II 嵌入式逻辑分析仪。

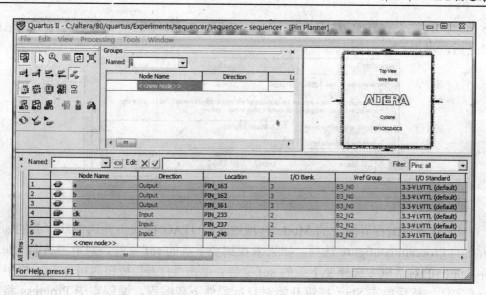

图 5-45 引脚规划界面

- Byte Blaster 连接计算机的并口，有 Byte Blaster、Byte Blaster MV 和 Byte Blaster II 三种并口下载电缆。与 Master Blaster 一样，Byte Blaster 和 Byte Blaster MV 不支持主用串行编程模式和 SignalTap II 嵌入式逻辑分析仪；而 Byte Blaster II 可以支持 Altera 目前所有类型的器件，包括 FPGA 和配置器件，也支持 SignalTap II 嵌入式逻辑分析仪，但 Altera 声明 Byte Blaster II 不能用来调试 Nios II 嵌入式软核处理器。

- USB Blaster 连接计算机的 USB 接口，它不仅支持 Altera 目前所有类型的器件（包括 FPGA 和配置器件），也支持 SignalTap II 嵌入式逻辑分析仪，还可以用来调试 Nios II 嵌入式软核处理器，是目前最为常用的下载电缆。

- Ethernet Blaster 连接计算机的以太网接口，可以支持远程下载。

Quartus II 具有 4 种编程模式：JTAG 模式、AS（主动串行）编程模式、PS（被动串行）模式和 In-Socket 编程模式。

利用 JTAG 模式，可以将后缀为 sof 的配置文件下载到 FPGA 中，也可以将后缀为 jic 的间接配置文件下载到串行配置器件中。如果只是将配置文件下载到 FPGA 中，则在目标板断电之后，易失型 FPGA 中的配置数据将会丢失。配置器件的作用是保存配置数据，并在每次目标器件上电时，将配置数据传送给 FPGA，即对 FPGA 进行现场配置。

对于配置器件编程，要根据目标器件的不同，选择不同的编程模式。当目标器件在上电时能够主动发出读取信号，从配置器件中读取配置数据的情况，则应当使用 AS 编程模式，将后缀为 pof 的配置文件直接下载到串行配置器件中；而当目标器件不能在上电时发出读取信号的情况，则应当使用 PS 模式，在这种情况下，配置器件将目标器件作为存储器对其现场编程，将配置数据写入到目标器件中。

利用 In-Socket 编程模式，可以将配置文件下载到 CPLD 中。

（3）用下载电缆将计算机与目标板上的 JTAG 接口连接好之后，选择 Tools→Programmer 选项，将弹出下载编程界面。单击其中的 Hardware Setup 选项，将弹出图

5-46 所示的硬件设置界面，从 Currently selected hardware 下拉列表框中选择下载电缆的类型之后，单击 Close 按钮。

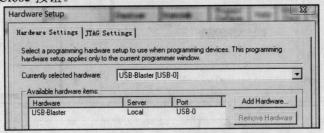

图 5-46　硬件设置界面

（4）从下载编程界面中的 Mode 选项中选择 JTAG 模式，并选中欲下载的 sof 文件所在的 Program/configure 选项。如果未找到要下载的 sof 文件，则单击 Add File…按钮并从弹出的对话框中选择要下载的 sof 文件，单击"打开"按钮即可在 File 栏中看到该 sof 文件。然后单击 Start 按钮开始对目标器件下载编程，编程完毕 Progress 将显示 100%。如图 5-47 所示。

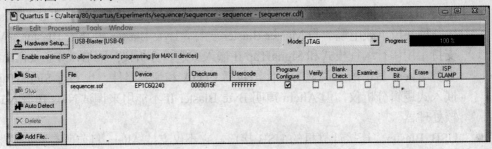

图 5-47　JTAG 模式下载编程界面

（5）此时可以在目标板上验证项目设计正确与否。如果有不符合设计要求之处，则需分析原因，找出设计中的错误，修改设计，重新编译、仿真和下载编程，直至在目标板上通过硬件验证为止。

（6）为了使目标板脱离下载电缆，并在重新上电后可以正常工作，还必须将配置文件下载到配置器件中。在图 5-47 所示的下载编程界面中选择 Mode 为 Active Serial Programming 模式，由于 AS 模式是将配置文件下载到串行配置器件中，所以将弹出图 5-48 所示的对话框，清除当前的目标器件，单击"是"按钮之后，当前的目标器件从栏目中消失。

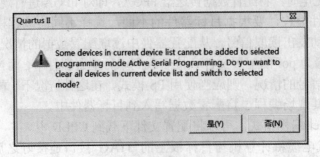

图 5-48　清除器件对话框

（7）单击 Add File…按钮后从弹出的对话框中选择要下载的 pof 文件，此时 Device 栏中列出串行配置器件的型号，本例中为 EPCS4（配置器件的选择，在第 5.2.3 节中有介绍）。选中要下载的 pof 文件所在的 Program/configure 选项，然后单击 Start 开始对配置器件下载编程，编程完毕 Progress 将显示 100%，如图 5-49 所示。

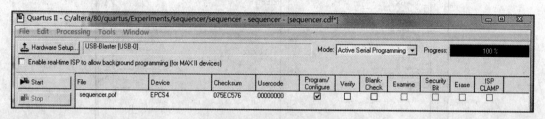

图 5-49　AS 编程模式下载编程界面

（8）如果使用 Master Blaster 或者 Byte Blaster MV 等不支持 AS 编程模式的下载电缆，则需要采用间接配置模式，将间接配置文件经过 JTAG 接口下载到配置器件中。首先需要将后缀为 sof 的配置文件转换成后缀为 jic 的间接配置文件。选择 File→Convert Program- ming Files 菜单，将弹出图 5-50 所示的转换编程文件界面。在该界面中选择 Programming File type 为 JTAG Indirect Configuration File (.jic)，选择 Configuration device 为目标板上使用的配置器件型号，本例为 ECPS4，在 File name 一栏中键入间接配置文件名，本例为 sequencer.jic，然后单击 Input files to convert 栏中的 Flash Loader 项，再单击 Add Device 按钮，在随后弹出的目标器件选择界面中选择 Device family 为目标器件类型，本例为 Cyclone，选择 Device name 为目标器件型号，本例为 EP1C6，如图 5-51 所示，然后单击 OK 按钮。

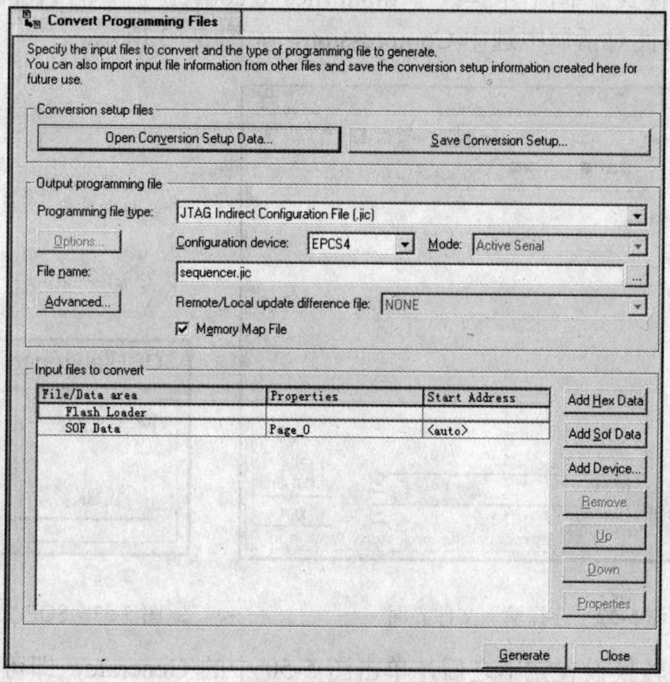

图 5-50　转换编程文件界面

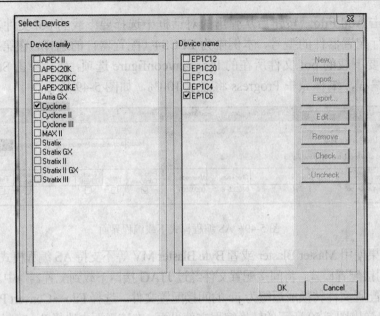

图 5-51　目标器件选择界面

（9）单击图 5-50 中 Input files to convert 栏中的 SOF Data 项，再单击 Add File 按钮，在随后弹出的选择输入文件界面中，选择要转换的 sof 配置文件名（本例为 sequencer.sof），如图 5-52 所示，然后单击"打开"按钮。

（10）如果目标器件可以识别经过压缩的配置数据（例如 Cyclone 类型的器件），则可以选择压缩模式。单击图 5-49 中 Input files to convert 栏中的 Properties，在随后弹出的 SOF 文件特性对话框中选中 Compression，如图 5-53 所示。

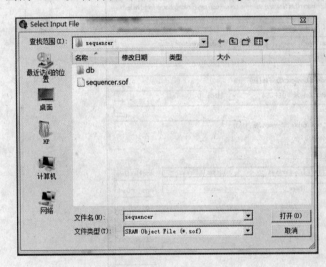

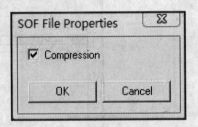

图 5-52　选择输入文件界面　　　　　　　图 5-53　SOF 文件特性对话框

（11）在将转换设置完毕之后，单击图 5-50 中的 Generate，即可完成配置文件转换，如图 5-54 所示。

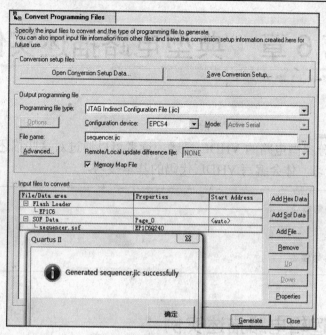

图 5-54　转换编程文件界面

（12）此时就可以将转换生成的后缀为 jic 的间接配置文件，通过 JTAG 接口下载到配置器件中。选择 Tools→Programmer 菜单，在随后弹出的下载编程界面中将 Mode 选项选为 JTAG 模式，单击 Add File...后从弹出的对话框中选择欲下载的 jic 文件，单击 Open 即可在 File 栏中看到该 jic 文件，本例为 sequencer.jic，同时还可以在 Device 栏中看到目标器件和配置器件的型号，本例为 EP1C6 和 EPCS4。然后单击 Start 开始对配置器件下载编程，编程完毕 Progress 将显示 100%，如图 5-55 所示。

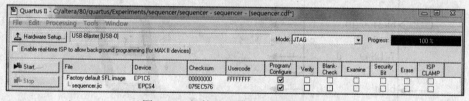

图 5-55　间接配置模式下载编程界面

到此为止，VHDL 描述的实现在目标器件上得以硬件验证。当整个设计都通过硬件验证之后，就可以采用全定制方式制造 ASIC 了。Quartus II 还提供有 HardCopy 功能，可以很方便地将通过目标器件验证的设计转换到 ASIC 中，感兴趣的读者可以参考有关文献。

5.3　本章小结

本章通过一个三相六拍顺序脉冲发生器的设计实例，从 Quartus II 集成开发环境的安装和授权设置开始，将一个 VHDL 描述的硬件实现过程展示给读者。使读者可以跟随教材完整地演习一遍"创建工程项目→设计输入→器件设置→编译→仿真→引脚锁定→下载编程"的设计过程。本章可以作为"数字系统设计"实验课程的入门章节。

第 6 章　典型电路描述实例

 学习目标

本章列举部分典型电路的 VHDL 描述。读者可以通过对这些描述的分析，并结合第 2～第 4 章的学习，体会编写 VHDL 代码的基本技巧。

学习重点	组合逻辑电路的描述
	触发器的描述
	时序逻辑电路的描述

6.1　组合逻辑电路描述实例

6.1.1　BCD 码——7 段 LED 显示译码器

74LS49 是一个 BCD 码——7 段 LED 显示译码器，它具有 4 位二进制输入信号 bi(3)~bi(0) 和熄灭信号 bl_n，以及 7 段 LED 驱动信号 a、b、c、d、e、f 和 g，如图 6-1a 所示。

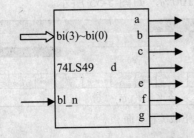

图 6-1a　74LS49 引脚示意图　　　　图 6-1b　7 段 LED 数码管示意图

当熄灭信号 bl_n 有效（值为'0'）时，a-g 均输出'0'，LED 熄灭。只有当熄灭信号 bl_n 无效（值为'1'）时，LED 数码管才有可能被点亮。此时输入信号 bi(3)~bi(0) 为 "0000"-"1001" 的译码对应 a-g 的输出排列为'0'-'9'，输入信号 bi(3)~bi(0) 为 "1010"-"1110" 的译码对应 a-g 的输出排列为一些特殊符号。

例 6-1　BCD 码——7 段 LED 显示译码器 74LS49

```
LIBRARY IEEE;
USE IEEE.Std_Logic_1164.ALL;
ENTITY ls49 IS
    PORT(bl_n: IN Std_Logic;
```

```
            bi: IN Std_Logic_Vector(3 DOWNTO 0);

            a, b, c, d, e, f, g: OUT Std_Logic);
END ls49;
ARCHITECTURE behavl_49 OF ls49 IS
    SIGNAL s:Std_Logic_Vector(6 DOWNTO 0);
BEGIN

    PROCESS(bi, bl_n)
    BEGIN

        IF bl_n = '0' THEN

          s <= (OTHERS => '0');

        ELSE

          CASE bi IS

              WHEN "0000" => s <= B"011_1111";         -- 0

              WHEN "0001" => s <= B"000_0110";         -- 1

              WHEN "0010" => s <= B"101_1011";         -- 2

              WHEN "0011" => s <= B"100_1111";         -- 3

              WHEN "0100" => s <= B"110_0110";         -- 4

              WHEN "0101" => s <= B"110_1101";         -- 5

              WHEN "0110" => s <= B"111_1101";         -- 6

              WHEN "0111" => s <= B"010_0111";         -- 7

              WHEN "1000" => s <= B"111_1111";         -- 8

              WHEN "1001" => s <= B"110_1111";         -- 9

              WHEN "1010" => s <= B"101_1000";         --⊏

              WHEN "1011" => s <= B"100_1100";         --⊐

              WHEN "1100" => s <= B"110_0010";         --⊔

              WHEN "1101" => s <= B"111_1001";         -- E

              WHEN "1110" => s <= B"111_1000";         --⊏

              WHEN "1111" => s <= B"000_0000";         -- 熄灭

              WHEN OTHERS=> s <= (OTHERS => '0');  -- 熄灭

          END CASE;

        END IF;

    END PROCESS;

    a <= s(0);

    b <= s(1);

    c <= s(2);
```

```
        d <= s(3);

        e <= s(4);

        f <= s(5);

        g <= s(6);

END behav149;
```

BCD 码-7 段 LED 显示译码器的仿真时序如图 6-1c 所示。

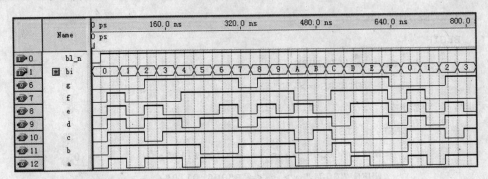

图 6-1c　BCD 码-7 段 LED 显示译码器仿真时序图

6.1.2　4 位数值比较器

CD4585 是一个 4 位数值比较器，它具有两组 4 位输入信号 a(3)~a(0) 和 b(3)~b(0)，3 个级联输入信号 a_g_b、a_e_b 和 a_l_b，以及 3 个输出信号 a_greater_than_b、a_equal_to_b 和 a_less_than_b，如图 6-2a 所示。其仿真时序如图 6-2b 所示。

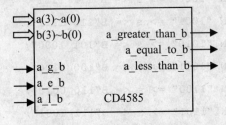

图 6-2a　CD4585 引脚示意图

例 6-2　4 位数值比较器 CD4585

```
LIBRARY IEEE;

USE IEEE.Std_Logic_1164.ALL;

ENTITY cd4585 IS

    PORT (a_g_b, a_e_b, a_l_b: IN Std_Logic;

                    a, b: IN Std_Logic_Vector (3 DOWNTO 0);

            a_greater_than_b: OUT Std_Logic;

                    a_equal_to_b: OUT Std_Logic;
```

```
                                 a_less_than_b: OUT Std_Logic) ;
END cd4585;
ARCHITECTURE arch_4585 OF cd4585 IS
    SIGNAL y: Std_Logic_Vector (2 DOWNTO 0);
BEGIN
 y <= "100" WHEN (a > b OR (a = b AND a_g_b = '1' )) ELSE
    "010" WHEN (a = b AND a_e_b = '1' ) ELSE
        "001" WHEN (a < b OR (a = b AND a_l_b = '1' )) ELSE
    "000";
            a_greater_than_b <= y(2);
            a_equal_to_b <= y(1);
            a_less_than_b <= y(0);
END arch_4585;
```

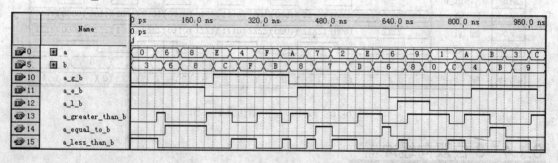

图 6-2b　4 位数值比较器仿真时序图

6.1.3　双 4 位缓冲器

74LS244 是一种具有两个独立 4 位缓冲器的三态门器件，每个缓冲器都有 4 位输入、4 位输出以及 1 个使能信号，如图 6-3a 所示。其仿真时序如图 6-3b 所示。

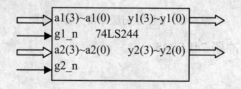

图 6-3a　双 4 位缓冲器引脚示意图

例 6-3　双 4 位缓冲器 74LS244

```
LIBRARY IEEE;
USE IEEE.Std_Logic_1164.ALL;
ENTITY ls244 IS
```

```
        PORT (g1_n, g2_n: IN Std_Logic;
                        a1, a2: IN Std_Logic_Vector (3 DOWNTO 0);
                        y1, y2: OUT Std_Logic_Vector (3 DOWNTO 0));
END ls244;
ARCHITECTURE behavl_244 OF ls244 IS
BEGIN
        y1 <= a1 WHEN g1_n = '0' ELSE
                (OTHERS => 'Z');
        y2 <= a2 WHEN g2_n = '0' ELSE
                (OTHERS => 'Z');
END behavl_244;
```

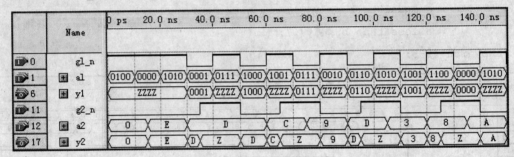

图 6-3b 双 4 位缓冲器仿真时序图

6.1.4 8 位双向缓冲器

74LS245 是一个 8 位双向缓冲器，它具有两个 8 位双向端口、1 个使能信号以及 1 个方向信号，如图 6-4a 所示。其仿真时序如图 6-4b 所示。

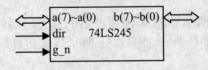

图 6-4a 8 位双向缓冲器引脚示意图

例 6-4 8 位双向缓冲器 74LS245

```
LIBRARY IEEE;
USE IEEE.Std_Logic_1164.ALL;
ENTITY ls245 IS
  PORT (g_n, dir: IN Std_Logic;
                        a, b: INOUT Std_Logic_Vector (7 DOWNTO 0));
END ls245;
ARCHITECTURE behavl_245 OF ls245 IS
```

```
BEGIN
     b <= a WHEN g_n & dir = "01" ELSE
               (OTHERS => 'Z');
     a <= b WHEN g_n & dir = "00" ELSE
               (OTHERS => 'Z');
END behavl_245;
```

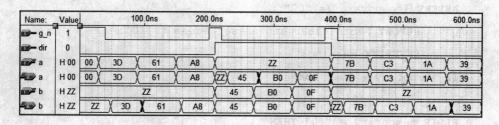

图 6-4b　8 位双向缓冲器仿真时序图

6.2　触发器描述实例

6.2.1　主从式 J-K 触发器

主从式 J-K 触发器具有时钟输入端 clk、同步输入端 j、k 和异步置位端 clr、pr, 以及两个触发器状态输出端 q 和 q_n, 如图 6-5a 所示。其仿真时序如图 6-5b 所示。

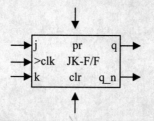

图 6-5a　主从式 J-K 触发器引脚图

例 6-5　主从式 J-K 触发器

```
LIBRARY IEEE;
USE IEEE.Std_Logic_1164.ALL;
ENTITY jkff IS
   PORT(clk, clr, pr, j, k: IN Std_Logic;
         q, q_n: OUT Std_Logic);
END jkff;
ARCHITECTURE behavl_jkff OF jkff IS
```

```
    SIGNAL q_last: Std_login:='0';
BEGIN
    PROCESS(clr, pr, clk)
                    VARIABLE temporary: Std_Logic_Vector(1 DOWNTO 0);
    BEGIN
                    temporary := clr & pr;
        ASSERT (temporary /= "00")
            REPORT "Both clear and preset equal to '0'."
            SEVERITY Warning;
        IF temporary = "01" THEN
            q_last <= '0';
        ELSIF temporary = "10" THEN
            q_last <= '1';
        ELSIF (clk'Event AND clk = '1') THEN
                    temporary := j & k;
                    CASE temporary IS
                        WHEN "10" => q_last <= '1';
                        WHEN "01" => q_last <= '0';
                        WHEN "11" => q_last <= NOT q_last;
                        WHEN OTHERS => q_last <= q_last;
                    END CASE;
        END IF;
    END PROCESS;
    q <= q_last;
    q_n <= NOT q_last;
END behavl_jkff;
```

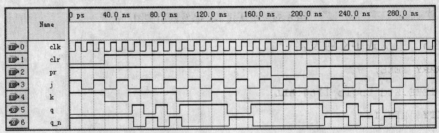

图 6-5b　主从式 J-K 触发器仿真时序图

6.2.2 D 触发器

在例 2-5 中已经对 D 触发器进行了行为描述,本节对 D 触发器进行结构描述。D 触发器的结构如图 6-6a 所示,因为使用到与非门元件,所以先描述与非门。在对与非门的描述中,运用类属对与非门的延迟特性、输入端数目以及负载大小等参数进行了描述。在类属映射子句中,当参数值就是默认值时,可以省略参数关联。

本描述是一个运用类属的典型实例。读者可以通过分析该实例的描述,详细了解类属的运用。

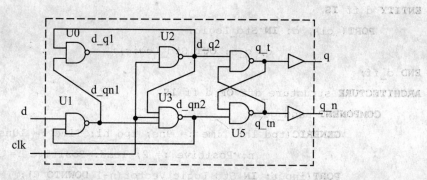

图 6-6a D 触发器结构示意图

例 6-6 D 触发器

```
LIBRARY IEEE;
USE IEEE.Std_Logic_1164.ALL;
ENTITY nand_gate IS
      GENERIC(tpd_lh, tpd_hl: Time;
            n, load: Positive);
      PORT(input: IN Std_Logic_Vector(n-1 DOWNTO 0);
            output: OUT Std_Logic);
END nand_gate;
ARCHITECTURE behavl_nand OF nand_gate IS
   BEGIN
      PROCESS(input)
        VARIABLE result_and: Std_Logic;
      BEGIN
      result_and := '1';
      FOR i IN input' Reange LOOP
          result_and := result_and AND input(i);
      END LOOP;
      IF result_and = '0' THEN
         output <= NOT result_and AFTER (tpd_lh+(load*2ns)); -- 上升沿
```

```
        ELSE
            output <= NOT result_and AFTER (tpd_hl+(load*3ns)); -- 下降沿
        END IF;
    END PROCESS;
END behavl_nand;


LIBRARY IEEE;
USE IEEE.Std_Logic_1164.ALL;
ENTITY d_ff IS
    PORT( clk, d: IN Std_Logic;
                q, q_n: OUT Std_Logic);
END d_ff;
ARCHITECTURE structure_dff OF d_ff IS
    COMPONENT nand_gate
        GENERIC(tpd_lh: Time := 9ns; tpd_hl: Time := 10ns;
                n: Positive := 2; load: Positive := 1);
        PORT(input: IN Std_Logic_Vector(n-1 DOWNTO 0);
                output: OUT Std_Logic);
    END COMPONENT;
    SIGNAL d_q1, d_qn1, d_q2, d_qn2, q_t, d_tn: Std_Logic;
BEGIN
  U0: nand_gate PORT MAP(input => d_q2 & d_qn1,
                    output => d_q1);
  U1: nand_gate GENERIC MAP(load =>2);
            PORT MAP(input => d & d_qn2,
                    output => d_qn1);
  U2: nand_gate GENERIC MAP(load =>3);
            PORT MAP(input => d_q1 & clk,
                    output => d_q2);
  U3: nand_gate GENERIC MAP(n => 3, load =>2);
            PORT MAP(input => d_q2 & q_qn1 & clk,
                    output => d_qn2);
  U4: nand_gate GENERIC MAP(load =>2);
            PORT MAP(input => d_q2 & q_tn, output => q_t);
  U5: nand_gate GENERIC MAP(load =>2);
            PORT MAP(input => d_qn2 & q_t, output => q_tn);
  q <= q_t;
  q_n <= q_tn;
END structure_dff;
```

　　在上面元件例化语句的类属映射子句中，省略了参数值等于默认值的参数关联，未省略参数关联的描述如下：

```
U1: nand_gate GENERIC MAP(tpd_lh => 9ns,
                          tpd_hl => 10ns, n => 2; load =>2);
            PORT MAP(input => d & d_qn2, output => d_qn1);
```

D 触发器的仿真时序如图 6-6b 所示。

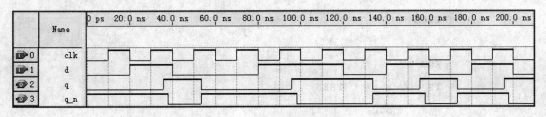

图 6-6b　D 触发器仿真时序图

6.3　时序逻辑电路描述实例

6.3.1　整数分频器

　　利用类属 n 可以改变分频器的分频系数，输出信号 q 的频率是输入信号 clk 频率的

1/n：$f_q = \dfrac{f_{clk}}{n}$。

　　例 6-7　整数分频器

```
LIBRARY IEEE;
USE IEEE.Std_Logic_1164.ALL;
USE IEEE.Std_Logic_Unsigned.ALL;
ENTITY div IS
   GENERIC(n: Integer:=5);
   PORT(clk, reset_n: IN Std_Logic;
                    q: OUT Std_Logic);
END div;
ARCHITECTURE behavl_div OF div IS
     SIGNAL count: Integer RANGE n-1 DOWNTO 0;
BEGIN
     PROCESS(reset_n, clk)
     BEGIN
          IF reset_n = '0' THEN
```

```
                                    q <= '0';
                                    count <= n-1;
                ELSIF (clk'Event AND clk = '1' AND clk'Last_Value = '0') THEN
                                    count <= count-1;
                IF count >= (n/2) THEN
                                    q <= '0';
                ELSE
                                    q <= '1';
                END IF;
                IF count <= 0 THEN
                                    count <= n-1;
                    END IF;
                END IF;
            END PROCESS;
    END behavl_div;
```

5 分频器的仿真时序如图 6-7 所示。

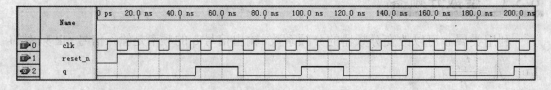

图 6-7　5 分频器仿真时序图

6.3.2　串行输入、并行输出移位寄存器

n 位串行输入、并行输出移位寄存器由 n 个带有异步复位的 D 触发器 dff_1 构成，如图 6-8a 所示。在描述 D 触发器的基础上，可以运用元件例化语句和生成语句对串行输入以及并行输出移位寄存器进行结构描述。

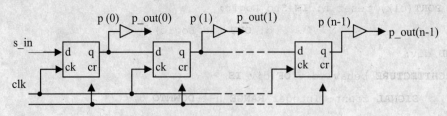

图 6-8a　n 位串行输入并行输出移位寄存器示意图

例 6-8　n 位串行输入并行输出移位寄存器

```
LIBRARY IEEE;
USE IEEE.Std_Logic_1164.ALL;
```

```
ENTITY dff_1 IS
    PORT(ck, cr, d: IN Std_Logic;
                q: OUT Std_Logic);
END dff_1;
ARCHITECTURE behavr_dff OF dff_1 IS
BEGIN
  PROCESS(ck, cr)
    BEGIN
        IF cr = '0' THEN
            q <= '0';
        ELSIF (ck'Event AND ck = '1' ) THEN
            q <= d;
        END IF;
    END PROCESS;
END behavr_dff;
ENTITY np_shift IS
  GENERIC(n: Integer:=8);
  PORT(clk, clr, s_in: IN Std_Logic;
            p_out: OUT Std_Logic_Vector(n-1 DOWNTO 0));
END np_shift;
ARCHITECTURE strct_sh_p OF np_shift IS
    SIGNAL p: Std_Logic_Vector(n-1 DOWNTO 0);
  COMPONENT dff_1
      PORT(ck, cr, d: IN Std_Logic;
                q: OUT Std_Logic);
  END COMPONENT ;
BEGIN
 any: FOR i IN 0 TO n-1 GENERATE
   first: IF i = 0 GENERATE
      U0: dff_1 PORT MAP(ck => clk, cr => clr, d => s_in, q =>p(i));
   END GENERATE first;
   posterior: IF (i > 0) AND ( i < n) GENERATE
      Ui: dff_1 PORT MAP(ck =>clk, cr => clr, d => p(i-1), q => p(i));
   END GENERATE posterior;
 END GENERATE any;
```

```
                       p_out <= p;
      END strct_sh_p;
```

用行为描述会更简单一些：

```
ENTITY np_shift IS
    GENERIC(n: Integer:=8);
    PORT(clk, clr, s_in: IN Std_Logic;
                p_out: OUT Std_Logic_Vector(n-1 DOWNTO 0));
END np_shift;
ARCHITECTURE behavl_sh_p OF np_shift IS
        SIGNAL p: Std_Logic_Vector(n-1 DOWNTO 0);
BEGIN
        PROCESS(clk, clr)
        BEGIN
            IF clr = '0' THEN
                p <= (OTHERS => '0');
            ELSIF (ck'Event AND ck = '1' ) THEN
                p(0) <= s_in;
            FOR i IN 1 TO n-1 LOOP
                    p(i) <= p(i-1);
                END LOOP;
              END IF;
            END PROCESS;
        p_out <= p;
    END behavl_sh_p;
```

8 位串行输入、并行输出移位寄存器的仿真时序如图 6-8b 所示。

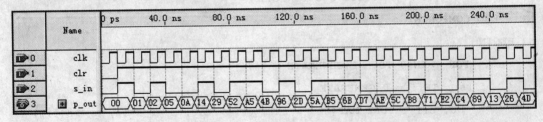

图 6-8b 8 位串行输入、并行输出移位寄存器仿真时序图

6.3.3 并行输入、串行输出移位寄存器

与 n 位串行输入、并行输出移位寄存器类似，n 位并行输入、串行输出移位寄存器由 n 个带有异步置位和置位允许输入的 D 触发器 shift 构成，如图 6-9a 所示。

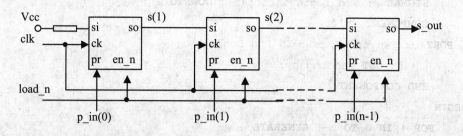

图 6-9a　n 位并行输入、串行输出移位寄存器示意图

在描述 shift 的基础上，运用元件例化语句和生成语句对串行输入并行输出移位寄存器进行结构描述。

例 6-9　n 位并行输入、串行输出移位寄存器

```
LIBRARY IEEE;
USE IEEE.Std_Logic_1164.ALL;
ENTITY shift IS
    PORT(ck, en_n, pr, si: IN Std_Logic;
         so: OUT Std_Logic);
END shift;
ARCHITECTURE behavr_shift OF shift IS
BEGIN
    PROCESS(ck, en_n)
    BEGIN
        IF (ck'Event AND ck = '1') THEN
                        IF en_n = '0' THEN
            so <= pr;
            ELSE
            so <= si;
            END IF;
        END IF;
    END PROCESS;
END behavr_shift;
ENTITY n_shift IS
    GENERIC(n: Integer := 8;
                        s_in: Std_Logic = 'H' );                -- 上拉
    PORT(clk, load_n: IN Std_Logic;
         p_in: IN Std_login_vector(n-1 DOWNTO 0);
         s_out: OUT Std_Logic);
END n_shift;
ARCHITECTURE strct_shift OF n_shift IS
```

```
        SIGNAL s: Std_login_vector(n-1 DOWNTO 1);
        COMPONENT shift
     PORT(ck, en_n, pr, si: IN Std_Logic;
          so: OUT Std_Logic);
        END COMPONENT;
   BEGIN
        FOR i IN 0 TO n-1 GENERATE
        IF i = 0 GENERATE
     shift PORT MAP(ck => clk, en_n => load_n, pr => p_in(i), si => s_in, so =>
s(1));
        END GENERATE;
        IF(i > 0)AND(i < (n-1)) GENERATE
     shift PORT MAP(ck => clk, en_n => load_n, pr => p_in(i), si => s(i), so =>
s(i+1));
        END GENERATE;
        IF i = n-1 GENERATE
     shift PORT MAP(ck => clk, en_n => load_n, pr => p_in(i), si => s(i), so =>
s_out);
        END GENERATE;
        END GENERATE;
     END strct_shift;
```

也可以用行为描述：

```
ENTITY n_shift IS
   GENERIC(n: Integer := 8;
             s_in: Std_Logic := 'H' );              -- 上拉
    PORT(clk, load_n: IN Std_Logic;
         p_in: IN Std_login_vector(n-1 DOWNTO 0);
         s_out: OUT Std_Logic);
END n_shift;
ARCHITECTURE behavl_shift OF n_shift IS
        SIGNAL s: Std_login_vector(n-1 DOWNTO 1);
BEGIN
        PROCESS(clk, load_n)
        BEGIN
                IF load_n = '0' THEN
                        s <= p_in(n-2 DOWNTO 0);
                        s_out <= p_in(n-1);
                ELSIF (clk'Event AND clk = '1') THEN
                        s(1) <= s_in;
```

```
        FOR i IN 2 TO n-1 LOOP
            s(i) <= s(i-1);
        END LOOP;
        s_out <= s(n-1);
    END IF;
  END PROCESS;
END behavl_shift;
```

8 位串行输入、并行输出移位寄存器的仿真时序如图 6-9b 所示。

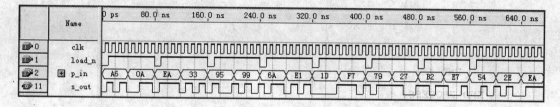

图 6-9b　8 位并行输入、串行输出移位寄存器仿真时序图

6.3.4　单脉冲发生器

利用 RS 触发器、D 触发器和与门可以构成一个键控单脉冲发生器，如图 6-10a 所示，其仿真时序图如图 6-10b 所示。

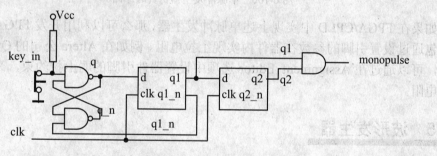

图 6-10a　单脉冲发生器结构示意图

例 6-10　单脉冲发生器

```
ENTITY pulse_generator IS
  PORT(clk: IN Std_Logic;
       key_in: IN Std_Logic := 'H';            -- 上拉
       monopulse: OUT Std_Logic);
END pulse_generator;
ARCHITECTURE rtl OF pulse_generator IS
    SIGNAL q, q_n, q1, q1_n, q2: Std_login;
BEGIN
```

```
        q <= key_in NAND q_n;


        q_n <= q NAND q1_n;
        monopulse <= q1 AND q2;
        PROCESS(clk)
        BEGIN
            IF (clk'Event AND clk = '1') THEN
                    q1 <= q;
                    q1_n <= NOT q;
                    q2 <= q1;
            END IF;
        END PROCESS;
    END rtl;
```

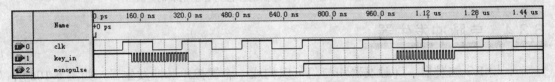

图 6-10b   单脉冲发生器仿真时序图

如果在 FPGA/CPLD 中实现上述单脉冲发生器,那么可以利用开发 FPGA/CPLD 的软件包通过设置引脚的参数在器件内实现上拉电阻。例如在 Altera 公司的 Quartus II 软件中,可以通过在 Assignment Editor 选项中设置器件引脚的弱上拉约束,来实现内部上拉电阻。

6.3.5　波形发生器

波形发生器可以产生任意波形,只要将欲发生的波形数值按照时间序列存放于 ROM 之中,然后用一个计数器作为 ROM 的地址发生器产生地址,就可以在 ROM 的输出端得到波形的数值,再经过数模转换(D/A)就可以输出模拟波形。

本例的波形发生器将产生一个阻尼振荡信号,用于模拟一个声学传感器接收到的爆炸声波。该波形发生器具有 4 个输入信号:时钟信号 clk、复位信号 reset_n、脉冲键 key_in、模式选择信号 mode,以及一个 8 位输出信号 y(7)~y(0)。当 mode='0'时,波形发生器产生周期性的阻尼振荡信号;当 mode='1'时,每按动一次脉冲键,波形发生器产生一个周期的阻尼振荡信号;8 位输出信号 y(7)~y(0)用来向数模转换器 DAC 提供数值信号。

该波形发生器的顶层框图如图 6-11a 所示,DAC 输出的周期性波形如图 6-11b 所示。

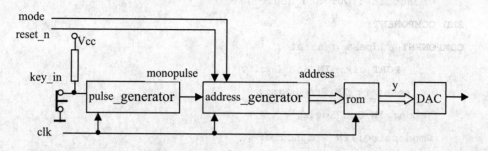

图 6-11a 波形发生器顶层框图

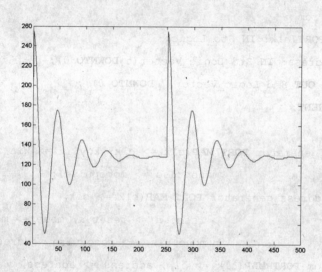

图 6-11b 波形发生器输出波形

例 6-11 周期性波形发生器

```vhdl
LIBRARY IEEE;
USE IEEE.Std_Logic_1164.ALL;
ENTITY waveform_generator IS
    PORT(clk, reset_n, key_in, mode: IN Std_Logic;
    y: OUT Std_Logic_Vector(7 DOWNTO 0));
END waveform_generator;
ARCHITECTURE structure OF waveform_generator IS
    SIGNAL monopulse: Std_Logic;
    SIGNAL address: Std_Logic_Vector(5 DOWNTO 0);
    COMPONENT pulse_generator
  PORT(clk: IN Std_Logic;
        key_in: IN Std_Logic := 'H';                    -- 上拉
```

```
          monopulse: OUT Std_Logic);
    END COMPONENT;
    COMPONENT address_generator
          PORT(clk: IN Std_Logic;
        reset_n: IN Std_Logic;
      mode: IN Std_Logic;
      monopulse: IN Std_Logic;
          address: BUFFER Std_Logic_Vector(5 DOWNTO 0));
    END COMPONENT;
    COMPONENT rom
          PORT(clk: IN Std_Logic;
        address: IN Std_Logic_Vector(5 DOWNTO 0);
        y: OUT Std_Logic_Vector(7 DOWNTO 0));
    END COMPONENT;
BEGIN
    U0: pulse_generator PORT MAP(clk => clk, key_in => kin_in,
                        monopulse => monopulse);
      U1: address_generator PORT MAP(clk => clk,
                        reset_n => reset_n, mode => mode,
                        monopulse => monopulse, address => address);
        U2: rom PORT MAP(clk => clk, address => address, y => y);
    END structure;
```

波形发生器由 3 个模块构成。其中，pulse_generator 就是第 6.3.4 节中介绍的单脉冲发生器。地址发生器 address_generator 的功能是：当复位信号 reset_n 有效时，地址信号 address 被复位为"000000"；复位信号 reset_n 失效后，如果模式选择信号 mode = '0'，则地址信号 address 在每个时钟信号的上升沿之后加 1，周而复始，从而产生周期性的地址信号；如果模式选择信号 mode='1'，则在按下脉冲键（monopulse='1'）时地址信号 address 被复位为"000000"，等到脉冲键释放之后，地址信号 address 才会在每个时钟信号的上升沿之后加 1，当地址信号 address 加到"111111"后会停止加 1 操作，保持地址值为"111111"，直到下一次按下脉冲键将地址值复位为"000000"，并在释放脉冲键之后，重新开始产生变化的地址值。

下面是地址发生器 address_generator 的 VHDL 描述。

例 6-12　地址发生器

```
LIBRARY IEEE;
USE IEEE.Std_Logic_1164.ALL;
ENTITY address_generator IS
    PORT(clk, reset_n, mode, monopulse: IN Std_Logic;
```

```
          address: BUFFER Std_Logic_Vector(5 DOWNTO 0));
    END address_generator;
    ARCHITECTURE behavioral OF address_generator IS
    BEGIN
        PROCESS(clk, reset_n, mode, monopulse)
        BEGIN
    IF (reset_n = '0' OR (mode = '1' AND monopulse = '1')) THEN
        address <= (OTHERS => '0' );
    ELSIF (clk'Event AND clk = '1' AND (mode = '0' OR address /= "111111" ))
THEN
            address <= address +1;
              END IF;
        END PROCESS;
    END behavioral;
```

　　只读存储器 rom 中存放着要产生的一个周期的波形数据。为了简单起见，本例中 rom 只存放了 64 个 8 位波形数据。rom 的 VHDL 描述如下：

　　例 6-13　只读存储器

```
LIBRARY IEEE;
USE IEEE.Std_Logic_1164.ALL;
ENTITY rom IS
    PORT(clk: IN Std_Logic;
            address: IN Std_Logic_Vector(5 DOWNTO 0);
              y: OUT Std_Logic_Vector(7 DOWNTO 0));
END rom;
ARCHITECTURE behavioral OF rom IS
BEGIN
    PROCESS(clk)
    BEGIN
        IF (clk'Event AND clk = '1') THEN
          CASE address IS
            WHEN "000000" => y <= B"1000_0000";      -- 128
            WHEN "000001" => y <= B"1111_1111";      -- 255
            WHEN "000010" => y <= B"1110_0100";      -- 228
            WHEN "000011" => y <= B"1011_0010";      -- 178
            WHEN "000100" => y <= B"0111_1010";      -- 122
            WHEN "000101" => y <= B"0100_1101";      -- 77
            WHEN "000110" => y <= B"0011_0101";      -- 53
            WHEN "000111" => y <= B"0011_0101";      -- 53
            WHEN "001000" => y <= B"0100_1010";      -- 74
```

```vhdl
        WHEN "001001" => y <= B"0110_1001";    -- 105
        WHEN "001010" => y <= B"1000_1010";    -- 138
        WHEN "001011" => y <= B"1010_0011";    -- 163
        WHEN "001100" => y <= B"1010_1110";    -- 174
        WHEN "001101" => y <= B"1010_1011";    -- 171
        WHEN "001110" => y <= B"1001_1101";    -- 157
        WHEN "001111" => y <= B"1000_1001";    -- 137
        WHEN "010000" => y <= B"0111_0110";    -- 118
        WHEN "010001" => y <= B"0110_1001";    -- 105
        WHEN "010010" => y <= B"0110_0100";    -- 100
        WHEN "010011" => y <= B"0110_0111";    -- 103
        WHEN "010100" => y <= B"0111_0001";    -- 113
        WHEN "010101" => y <= B"0111_1101";    -- 125
        WHEN "010110" => y <= B"1000_1000";    -- 136
        WHEN "010111" => y <= B"1000_1111";    -- 143
        WHEN "011000" => y <= B"1001_0001";    -- 145
        WHEN "011001" => y <= B"1000_1110";    -- 142
        WHEN "011010" => y <= B"1000_0111";    -- 135
        WHEN "011011" => y <= B"1000_0000";    -- 128
        WHEN "011100" => y <= B"0111_1010";    -- 122
        WHEN "011101" => y <= B"0111_0110";    -- 118
        WHEN "011110" => y <= B"0111_0110";    -- 118
        WHEN "011111" => y <= B"0111_1000";    -- 120
        WHEN "100000" => y <= B"0111_1100";    -- 124
        WHEN "100001" => y <= B"1000_0001";    -- 129
        WHEN "100010" => y <= B"1000_0100";    -- 132
        WHEN "100011" => y <= B"1000_0110";    -- 134
        WHEN "100100" => y <= B"1000_0110";    -- 134
        WHEN "100101" => y <= B"1000_0100";    --132
        WHEN "100110" => y <= B"1000_0010";    -- 130
        WHEN "100111" => y <= B"0111_1111";    -- 127
        WHEN "101000" => y <= B"0111_1101";    -- 125
        WHEN "101001" => y <= B"0111_1100";    -- 124
        WHEN "101010" => y <= B"0111_1101";    -- 125
        WHEN "101011" => y <= B"0111_1110";    -- 126
        WHEN "101100" => y <= B"0111_1111";    -- 127
        WHEN "101101" => y <= B"1000_0001";    -- 129
        WHEN "101110" => y <= B"1000_0010";    -- 130
        WHEN "101111" => y <= B"1000_0010";    -- 130
```

```
            WHEN "110000" => y <= B"1000_0010";        -- 130
            WHEN "110001" => y <= B"1000_0001";        -- 129
            WHEN "110010" => y <= B"1000_0000";        -- 128
            WHEN "110011" => y <= B"0111_1111";        -- 127
            WHEN "110100" => y <= B"0111_1111";        -- 127
            WHEN "110101" => y <= B"0111_1111";        -- 127
            WHEN "110110" => y <= B"0111_1111";        -- 127
            WHEN "110111" => y <= B"0111_1111";        -- 127
            WHEN "111000" => y <= B"1000_0000";        -- 128
            WHEN "111001" => y <= B"1000_0001";        -- 129
            WHEN "111010" => y <= B"1000_0001";        -- 129
            WHEN "111011" => y <= B"1000_0001";        -- 129
            WHEN "111100" => y <= B"1000_0001";        -- 129
            WHEN "111101" => y <= B"1000_0000";        -- 128
            WHEN "111110" => y <= B"1000_0000";        -- 128
            WHEN "111111" => y <= B"1000_0000";        -- 128
            WHEN OTHERS => y <= B"1000_0000";          -- 128
          END CASE;
        END IF;
      END PROCESS;
  END behavioral;
```

Quartus II 提供了功能强大的模块库 LPM，包含很多可以设置参数的模块。可以通过设置 LPM 中参的数据，得到 LPM 描述的只读存储器 rom。感兴趣的读者可以参考有关文献。

因为单脉冲发生器 pulse_generator 在第 6.3.4 节中已经通过了仿真，为了简单起见，这里只仿真了地址发生器和只读存储器两个模块的仿真时序图如图 6-11c 所示。

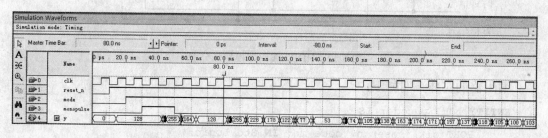

图 6-11c　波形发生器仿真时序图

改变输入的时钟信号频率，可以控制发生的波形周期。如果波形的采样率过低而出现失真，则可以提高地址发生器的地址位数，并提高 rom 的存储容量，比如每个周期的波形存放 256、512 或者 1024 个数据甚至更多。如果 8 位 DAC 的精度不够，则可以选用更高精度的模数转换器，并在 rom 中存放更高的数据位数，比如 10 位、12 位或者 14 位甚至更高。

6.3.6　HDB3 编码器

HDB3 码是数字基带信号传输中常用的编码，它是 AMI 码的改进码型，称为三阶高密度双极性码。HDB3 码克服了 AMI 码的长连 0 串现象，便于在接收端提取位同步信息。

HDB3 码的编码规则是：

（1）检查数字序列中 0 数目。当连 0 数目小于等于 3 时，HDB3 码就是 AMI 码，+1、-1 交替。

（2）当出现 3 个以上连 0 时，将每 4 个连"0"划作一小节，而定义为 B00V，称为破坏节。其中 V 称为破坏点，而 B 称为调节点。

（3）V 与前一相邻的 1，极性相同，即破坏了 1 极性交替的规律。同时 V 还要满足 Vi-1、Vi、Vi+1 之间极性交替的规律。V 的取值是+1 或-1。

（4）B 作为调节点，可选 0 或+1 或-1，以让 V 同时满足③中的两个要求。如果相邻两个 V(Vi-1 和 Vi)之间 1 的个数为奇数，则 B 为 0，反之 B 为 1，其极性与前一相邻 1 的极性相反。

HDB3 码的特点：

（1）基带信号中没有直流成分，低频成分也很小。

（2）连 0 串最长只有 3 个，便于提取位同步信息。

（3）不受信源统计特性的影响。

根据 HDB3 码的编码规则，可将 HDB3 编码器划分为图 6-12 所示的 3 个模块。

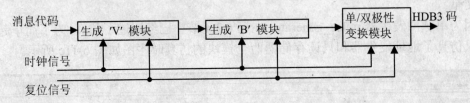

图 6-12　HDB3 编码器模块划分图

编码器的实体声明如下：

```
ENTITY hdb3_encoder IS
     PORT(clk, reset_n, code_in: IN Std_Logic;
                    code_out: OUT Std_Logic_Vector(1 DOWNTO 0));
END hdb3_encoder;
```

其中，clk 是系统时钟，reset_n 是系统复位信号（低电平有效），code_in 是消息代码，code_out 是 HDB3 码的双相码。

为描述方便起见，在 HDB3 编码器的结构体中声明了一个 hdb3_type 类型和两个该类型的信号 code_v 和 code_b。

```
TYPE hdb3_type IS ('0', '1', 'V', 'B' );
SIGNAL code_v, code_b: hdb3_type;
```

下面分别就上述 3 个模块分析其 VHDL 描述。

1．生成'V'模块

当输入的消息代码出现 4 个连 0，就将第 4 个 0 变换为'V'。

该模块的输入为消息代码 code_in，输出为只含有'0'、'1'和'V'的 hdb3_type 类型码 code_v。另外，在该模块中声明了一个 2 位的计数器 count_0，用来对连 0 的个数进行计数。

例 6-14　'V'模块计数器

```
LIBRARY IEEE;
USE IEEE.Std_Logic_1164.ALL;
USE IEEE.Std_Logic_Unsigned.ALL;
ENTITY V_generator IS
  PORT(clk, reset_n, code_in: IN Std_Logic;
                   code_v: OUT hdb3_type);
END V_generator;
ARCHITECTURE behavl_V OF V_generator IS
      SIGNAL count_0: Std_Logic_Vector (1 DOWNTO 0);
BEGIN
      insert_v: PROCESS(clk)
      BEGIN
      IF clk'Event AND clk = '1' THEN
        IF reset_n = '0' THEN
        code_v <= '0';
          count_0 <= (OTHERS => '0' );
        ELSE
          CASE code_in IS
            WHEN '1' => count_0 <= (OTHERS => '0');
                code_v <= '1';
            WHEN '0' =>
                IF count_0<3 THEN
                  count_0 <= count_0+1;
                  code_v <= '0';
                ELSE
                  count_0 <= (OTHERS => '0' );
```

```
                        code_v <= 'V';                          -- 生成 V
                    END IF;
                WHEN OTHERS => count_0 <= count_0;
                              code_v <= '0';
                END CASE;
            END IF;
          END IF;
    END PROCESS insert_v;
END behavl_V;
```

2. 生成'B'模块

该模块对相邻两个'V' 之间 '1' 的个数的奇偶性进行判定，如果是偶数，则将后一个'V' 码之前第 3 位的'0' 变换为'B'。

因为'B' 的生成与该'B'码相邻的两个'V' 码之间的'1' 的个数奇偶性相关，而且'B' 码与后面一个'V' 码之间存在两个'0'，所以在该模块中要用一个 4 位的寄存器来保存 4 位单极性 HDB3 码（该寄存器用 clk 的下降沿锁存），并记录相邻两个'V' 之间'1' 的个数的奇偶性，该模块的输出为单极性 HDB3 码 code_b。

生成'B' 模块由 4 个寄存器 s1、s2、s3 和 insert_b 构成，如图 6-13 所示。这 4 个寄存器均在 clk 的下降沿锁存输入信号，分别用 3 个进程来描述（将 s2 和 s3 合并为一个进程）。

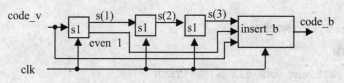

图 6-13　生成'B' 模块示意图

在该模块中，声明了 1 个由 hdb3_type 类型构成的数组类型 shift_hdb3，和一个该类型的信号 s，以及一个布尔类型的信号 even_1。

例 6-15　'B'模块计数器

```
LIBRARY IEEE;
USE IEEE.Std_Logic_1164.ALL;
ENTITY B_generator IS
  PORT(clk, reset_n, code_v: IN hdb3_type;
                code_b: OUT hdb3_type);
END B_generator;
ARCHITECTURE behavl_B OF B_generator IS
    TYPE shift_hdb3 IS ARRAY (1 TO 3) OF hdb3_type;
    SIGNAL s:shift_hdb3;
    SIGNAL even_1:Boolean;
```

```
BEGIN
        s1:PROCESS(clk)
    BEGIN
      IF clk'Event AND clk = '0' THEN      -- clk 的下降沿锁存
        IF reset_n = '0' THEN
          s(1) <= '0';
          even_1 <= TRUE;        -- '1' 的个数为 0 时, 也认为是偶数
        ELSE
          s(1) <= code_v;
          CASE code_v IS
            WHEN '1' => even_1 <= NOT even_1;
            WHEN 'V' => even_1 <= TRUE;
            WHEN OTHERS => NULL;
          END CASE;
        END IF;
      END IF;
    END PROCESS s1;
    s2_3:PROCESS(clk)
    BEGIN
      IF clk'Event AND clk = '0' THEN      -- clk 的下降沿锁存
        IF reset_n = '0' THEN
          s(2) <= '0';
          s(3) <= '0';
        ELSE
          s(2) <= s(1);
          s(3) <= s(2);
        END IF;
      END IF;
    END PROCESS s2_3;
    insert_b:PROCESS(clk)
    BEGIN
      IF clk'Event AND clk = '0' THEN      -- clk 的下降沿锁存
        IF reset_n = '0' THEN
            code_b <= '0';
        ELSE
          IF code_v='V'AND even_1 THEN
            code_b <= 'B';                 -- 生成B= '1'
          ELSE
            code_b <= s(3);
```

```
        END IF;
       END IF;
      END IF;
   END PROCESS insert_b;
END behavl_B;
```

3. 单/双极性变换模块

生成'B' 模块输出的是单极性 HDB3 码，因此要将输出信号变换成双极性的 HDB3 码。该模块的实现要借助于一个如图 6-14 所示的电感变压器。

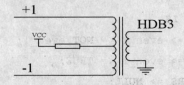

图 6-14 电感变压器示意图

当变压器初级的+1 端为高电平'1'，而-1 端为低电平'0'时，在次级输出正向电平（表示+1）；反之输出负向电平（表示-1）；当+1 端和-1 端均为高电平'1' 时，在次级输出 0 电平（表示 0）。

由于变压器的双极性特点，使得"单/双极性变换模块"中送至变压器初级的信号为 HDB3 双相码。因此变压器之前的子模块其功能为：将单极性 HDB3 码变换为 HDB3 双相码。即，将+1、+V 和+B 变换为"10"；将-1、-V 和-B 变换为"01"；将 0 变换为"11"。

在该子模块中，声明了一个用来判定 HDB3 码极性的信号 positive_1。

例 6-16 单双极模块变换电感变压器

```
LIBRARY IEEE;
USE IEEE.Std_Logic_1164.ALL;
ENTITY polarity_convertor IS
    PORT(clk, reset_n, code_b: IN hdb3_type;
                code_out: OUT Std_Logic_Vector(1 DOWNTO 0));
END polarity_convertor;
ARCHITECTURE behavl_conv OF polarity_convertor IS
    SIGNAL positive_1: Boolean;
BEGIN
diphase_code:PROCESS(clk)
BEGIN
    IF clk'Event AND clk = '0' THEN              -- clk 的下降沿触发
        IF reset_n = '0' THEN positive_1 <= TRUE;
        ELSE CASE code_b IS
            WHEN '1'|'B' =>
```

```
                    IF positive_1 THEN code_out <= "10";
                    ELSE code_out <= "01";
                    END IF;
                    positive_1 <= NOT positive_1;
                WHEN 'V' =>
                    IF positive_1 THEN code_out <= "01";
                    ELSE code_out <= "10";
                    END IF;
                WHEN OTHERS => code_out <= "11";
                END CASE;
            END IF;
        END IF;
    END PROCESS diphase_code;
END behavl_conv;
```

将上述 3 个模块串联，就构成了一个完整的 HDB3 编码器。

例 6-17　HDB3 编码器

```
LIBRARY IEEE;
USE IEEE.Std_Logic_1164.ALL;
ENTITY hdb3_encoder IS
    PORT(clk, reset_n, code_in: IN Std_Logic;
                code_out: OUT Std_Logic_Vector(1 DOWNTO 0));
END hdb3_encoder;
ARCHITECTURE toplevel_hdb3 OF hdb3_encoder IS
        TYPE hdb3_type IS ('0', '1', 'V', 'B' );
        SIGNAL code_v, code_b: hdb3_type;
        COMPONENT V_generator
    PORT(clk, reset_n, code_in: IN Std_Logic;
                code_v: OUT hdb3_type);
        END COMPONENT;
        COMPONENT B_generator
    PORT(clk, reset_n, code_v: IN hdb3_type;
                code_b: OUT hdb3_type);
        END COMPONENT;
        COMPONENT polarity_convertor
    PORT(clk, reset_n, code_b: IN hdb3_type;
                code_out: OUT Std_Logic_Vector(1 DOWNTO 0));
```

```
        END COMPONENT;
    BEGIN
    U0:  V_generator  PORT  MAP(clk  =>clk,  reset_n  =>reset_n,  code_in  =>
code_in,code_v => code_v);
    U1:  B_generator  PORT  MAP(clk  =>clk,  reset_n  =>reset_n,  code_v  =>
code_v,code_b => code_b);
    U2:  polarity_convertor  PORT  MAP(clk  =>clk,  reset_n  =>reset_n,  code_b  =>
code_b,code_out => code_out);
    END toplevel_hdb3;
```

HDB3 编码器的仿真时序图如 6.15 所示。

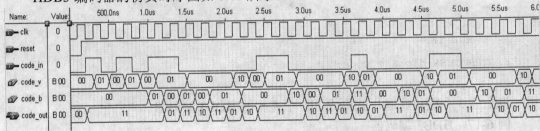

图 6-15　HDB3 编码器仿真时序图

6.4 本章小结

　　本章列举了一些典型电路的 VHDL 描述。读者分析这些描述的过程，就是消化、吸收前面几章介绍的概念，组成一个连贯、融合的系统的过程。通过对这些示例的分析，可以将前面几章的内容综合起来，形成比较完整的电路模块描述方法。

　　在本章列举的描述实例的基础上，利用实验箱或者开发平台等目标板，可以将理论学习与实践动手相结合，从而完成学习数字系统设计的实验课程。

第7章 常用程序包

☀ 学习目标

　　程序包主要用于封装共享资源——数据类型、对象、子程序、元件声明和属性等。本章列举了 STD 设计库中的标准程序包、文本输入/输出程序包和 IEEE VHDL 库中的 Std_Logic_1164、Std_Logic_Arith、Std_Logic_Unsigned、Std_Logic_Signed 等常用程序包的源代码，便于读者深入了解 VHDL 的共享机制。

学习重点	
标准程序包 STANDARD	标准逻辑无符号数组扩展程序包 STD_LOGIC_UNSIGNED
标准逻辑程序包 STD_LOGIC_1164	标准逻辑带符号数组扩展程序包 STD_LOGIC_SIGNED
标准逻辑算术程序包 STD_LOGIC_ARITH	

7.1　STD 库中的程序包

　　在每个设计实体的开头，都隐含声明了 STD 设计库。

LIBRARY Work, Std;

　　其中 **Work** 是设计者的现行工作库，用来放置当前设计实体和设计者自定义程序包，而 STD 库中则编译了两个程序包——标准程序包 STANDARD 和文本输入/输出程序包 TEXTIO。

7.1.1　标准程序包 STANDARD

　　标准程序包 STANDARD 预定义了一些类型、子类型和函数，可以被所有设计实体隐含使用，用户不能修改该程序包。其源代码如下：

```
PACKAGE Standard IS
TYPE Boolean IS(False, True);
TYPE Bit IS('0', '1');
TYPE Character IS(
        NUL, SOH, STX, ETX, EOT, ENQ, ACK, BEL,
        BS,  HT,  LF,  VT,  FF,  CR,  SO,  SI,
        DLE, DC1, DC2, DC3, DC4, NAK, SYN, ETB,
        CAN, EM,  SUB, ESC, FSP, GSP, RSP, USP,
```

```
          ' ', '!', '"', '#', '$', '%', '&', ''',
          '(', ')', '*', '+', ',', '-', '.', '/',
          '0', '1', '2', '3', '4', '5', '6', '7',
          '8', '9', ':', ';', '<', '=', '>', '?',

          '@', 'A', 'B', 'C', 'D', 'E', 'F', 'G',
          'H', 'I', 'J', 'K', 'L', 'M', 'N', 'O',
          'P', 'Q', 'R', 'S', 'T', 'U', 'V', 'W',
          'X', 'Y', 'Z', '[', '\', ']', '^', '_',

          '`', 'a', 'b', 'c', 'd', 'e', 'f', 'g',
          'h', 'i', 'j', 'k', 'l', 'm', 'n', 'o',
          'p', 'q', 'r', 's', 't', 'u', 'v', 'w',
          'x', 'y', 'z', '{', '|', '}', '~', DEL);

   TYPE Severity_Level IS (Note, Warning, Error, Failure);


   TYPE Integer IS RANGE implementation_defined;
   TYPE Real IS RANGE implementation_defined;
   TYPE Time IS RANGE implementation_defined
       UNITS
          fs;                    --飞秒
          ps = 1000 fs;          --皮秒
          ns = 1000 ps;          --纳秒
          us = 1000 ns;          --微秒
          ms = 1000 us;          --毫秒
          sec = 1000 ms;         --秒
          min = 60 sec;          --分
          hr = 60 min;           --时
       END UNITS;
   SUBTYPE Delay_Length IS RANGE 0 fs TO Time'High;
   IMPURE FUNCTION Now RETURN Delay_Length;


   SUBTYPE Nalural IS Integer RANGE 0 TO Integer'High;
   SUBTYPE Positive IS Integer RANGE 1 TO Integer'High;


   TYPE String IS ARRAY(Positive RANGE <>) OF Character;
   TYPE Bit_Vector IS ARRAY(Natural RANGE <>) OF Bit;


   TYPE File_Open_Kind IS (Read_Mode, Write_Mode, Append_Mode);
```

```
TYPE File_Open_Status IS(Open_OK, Status_Error, Name_Error, Mode_Error);

ATTRIBUTE Foreign: String;
  END Standard;
```

7.1.2 文本输入/输出程序包 TEXTIO

文本输入/输出程序包 TEXTIO 定义了许多用于读/写 ASCII 文件的例行过程。其源代码如下：

```
PACKAGE Textio IS
TYPE Line IS ACCESS String;
TYPE Text IS FILE OF String;
TYPE Side IS(Right, Left);
SUBTYPE Width IS Natural;

FILE Input: Text OPEN Read_Mode IS "Std_Input";
FILE Output: Text OPEN Write_Mode IS "Std_Output";

PROCEDURE ReadLine(FILE F: IN Text; L: OUT Line)

PROCEDURE Read

            (L: INOUT Line; Value: OUT Bit; Good: OUT Boolean);
PROCEDURE Read

            (L: INOUT Line; Value: OUT Bit);

PROCEDURE Read

            (L: INOUT Line; Value: OUT Bit_Vector; Good: OUT Boolean);
PROCEDURE Read

            (L: INOUT Line; Value: OUT Bit_Vector; )

PROCEDURE Read

            (L: INOUT Line; Value: OUT Boolean; Good: OUT Boolean);
PROCEDURE Read

            (L: INOUT Line; Value: OUT Boolean; )

PROCEDURE Read

            (L: INOUT Line; Value: OUT Character; Good: OUT Boolean);
PROCEDURE Read

            (L: INOUT Line; Value: OUT Character; )
```

```
PROCEDURE Read
                (L: INOUT Line; Value: OUT Integer; Good: OUT Boolean);
PROCEDURE Read
                (L: INOUT Line; Value: OUT Integer; )


PROCEDURE Read
                (L: INOUT Line; Value: OUT Real; Good: OUT Boolean);
PROCEDURE Read
                (L: INOUT Line; Value: OUT Real; )


PROCEDURE Read
                (L: INOUT Line; Value: OUT String; Good: OUT Boolean);
PROCEDURE Read
                (L: INOUT Line; Value: OUT String; )


PROCEDURE Read
                (L: INOUT Line; Value: OUT Time; Good: OUT Boolean);
PROCEDURE Read
                (L: INOUT Line; Value: OUT Time; )


PROCEDURE WriteLine(FILE F: Text; L: INOUT Line);


PROCEDURE Write
            (L: INOUT Line; Value: IN Bit;
            Justified: IN Side := Right; Field: IN Width:= 0);


PROCEDURE Write
            (L: INOUT Line; Value: IN Bit_Vector;
            Justified: IN Side:= Right; Field: IN Width:= 0);


PROCEDURE Write
            (L: INOUT Line; Value: IN Boolean;
            Justified: IN Side:= Right; Field: IN Width:= 0);


PROCEDURE Write
            (L: INOUT Line; Value: IN Character;
            Justified: IN Side:= Right; Field: IN Width:= 0);
```

```
PROCEDURE Write
        (L: INOUT Line; Value: IN Integer;
         Justified: IN Side:= Right; Field: IN Width:= 0);

PROCEDURE Write
        (L: INOUT Line; Value: IN Real;
         Justified: IN Side:= Right; Field: IN Width:= 0; Digits: IN
Natuaral:= 0);

PROCEDURE Write
        (L: INOUT Line; Value: IN String;
         Justified: IN Side:= Right; Field: IN Width:= 0);

PROCEDURE Write
        (L: INOUT Line; Value: IN Time;
         Justified: IN Side:= Right; Field: IN Width:= 0; Unit: IN
Time := ns);

FUNCTION EndLine(L: IN Line) RETURN Boolean;
FUNCTION EndFile(F: IN Text) RETURN Boolean;
 END Textio;
```

7.2 IEEE VHDL 库中的常用程序包

下面列出 IEEE VHDL 库中的几个常用程序包的源代码，不仅可以使读者充分了解这些常用程序包中的可利用资源，而且还能够让读者通过分析这些常用程序包，掌握程序包的编制方法和技巧。

7.2.1 标准逻辑程序包 STD_LOGIC_1164

Std_Logic_1164 程序包定义了一个标准，它描述了用于 VHDL 建模的数据类型互联。其源代码如下：

```
-----------------------------------------------------------------------
-- Title   : std_logic_1164 multi-value logic system
-- Library : This package shall be compiled into a library symbolically
named IEEE.
--          :
--Developers: IEEE model standards group (par 1164)
```

```
    -- Purpose  : This package defines a standard for designers to use in
describing
    --          : the interconnection data types used in vhdl modeling.
    --          :
    --Limitation: The logic system defined in this package may
    --          : be insufficient for modeling switched transistors,
    --          : since such a requirement is out of the scope of this effort.
    --          : Furthermore, mathematics, primitives, timing standards, etc.
    --          : are considered orthogonal issues as it relates to this package
and are therefore
    --          : beyond the scope of the effort.
    --          :
    --Note      : No declarations or definitions shall be included in,
    --      : or excluded from this package. The "package declaration"
    --          : defines the types, subtypes and declarations of std_logic_1164.
    --          : The std_logic_1164 package body shall be considered the formal
definition of
    --          : the semantics of this package. Tool developers may choose to
implement
    --          : the package body in the most efficient manner available to them.
    --          :
    -----------------------------------------------------------------------
    -- modification history:
    -----------------------------------------------------------------------
    -- version | mod. Date:|
    -- v4.200 | 01 / 02 / 92 |
    -- v4.200 | 02 / 26 / 92 | Added Synopsys Synthesis Comments
    -- v4.200 | 06 / 01 / 92 |Modified the "xnor"s to be xnor functions .
    -- -----------------------------------------------------------------------
    -- Note:  Before the VHDL'92 language being officially adopted as containing
the "xnor"
    --              functions,  Synopsys  will  support  the  xnor  functions
(non-overloaded)
    -----------------------------------------------------------------------
    PACKAGE Std_Logic_1164 IS
    -----------------------------------------------------------------------
    -- logic state system (unresolved)
    -----------------------------------------------------------------------
    TYPE Std_ULogic IS( 'U',  -- Uninitialized
```

```
                            'X',  -- Forcing Unknown
                            '0',  -- Forcing 0
                            '1',  -- Forcing 1
                            'Z',  -- High Impedance
                            'W',  -- Weak Unknown
                            'L',  -- Weak 0
                            'H',  -- Weak 1
                            '-',  -- Don't care
                            );

    ATTRIBUTE Enum_Encoding OF Std_ULogic: TYPE IS "U D 0 1 Z D 0 1 D";
    -----------------------------------------------------------------------
    -- unconstrained array of Std_ULogic for use with the resolution FUNCTION
    ----------------------------------------------------------------

        TYPE Std_ULogic_Vector IS ARRAY ( Natural RANGE <> ) OF Std_ULogic;
    -----------------------------------------------------------------------
    -- resolution FUNCTION
    -----------------------------------------------------------------------

        FUNCTION Resolved ( S: Std_ULogic_Vector ) RETURN Std_ULogic;
    -- synopsys translate_off
    ATTRIBUTE Reflexive OF Resolved: FUNCTION IS True;
    ATTRIBUTE Result_Initial_Value OF Resolved: FUNCTION IS Std_ULogic'Pos('Z');
    -- synopsys translate_on
    -----------------------------------------------------------------------
    -- *** industry standard logic type ***
    -----------------------------------------------------------------------

        SUBTYPE Std_Logic IS Resolved Std_ULogic;
    -----------------------------------------------------------------------
    -- unconstrained array of Std_Logic for use in declaring signal arrays
    -----------------------------------------------------------------------

        TYPE Std_Logic_Vector IS ARRAY ( Natural RANGE <> ) OF Std_Logic;
    -----------------------------------------------------------------------
    -- common subtypes
    -----------------------------------------------------------------------

        SUBTYPE X01   IS Resolved Std_ULogic RANGE 'X' TO '1'; -- ( 'X','0','1' )
        SUBTYPE X01Z  IS  Resolved  Std_ULogic  RANGE  'X'  TO  'Z'; --
( 'X','0','1','Z' )
        SUBTYPE UX01  IS  Resolved  Std_ULogic  RANGE  'U'  TO  '1'; --
( 'U','X','0','1' )
        SUBTYPE UX01Z IS  Resolved  Std_ULogic  RANGE  'U'  TO  'Z'; --
```

```
( 'U','X','0','1','Z' )
    -------------------------------------------------------------------
    -- overloaded logical operators
    -------------------------------------------------------------------
    FUNCTION "and"  (L: Std_ULogic; R: Std_ULogic)    RETURN UX01;
    FUNCTION "nand" (L: Std_ULogic; R: Std_ULogic)    RETURN UX01;
    FUNCTION "or"   (L: Std_ULogic; R: Std_ULogic)    RETURN UX01;
    FUNCTION "nor"  (L: Std_ULogic; R: Std_ULogic)    RETURN UX01;
    FUNCTION "xor"  (L: Std_ULogic; R: Std_ULogic)    RETURN UX01;
    FUNCTION "xnor" (L: Std_ULogic; R: Std_ULogic)    RETURN UX01;
    FUNCTION "not"  (L: Std_ULogic)                   RETURN UX01;

    -------------------------------------------------------------------
    -- vectorized overloaded logical operators
    -------------------------------------------------------------------
    FUNCTION "and"  (L,R: Std_Logic_Vector )  RETURN Std_Logic_Vector;
    FUNCTION "and"  (L,R: Std_ULogic_Vector)  RETURN Std_ULogic_Vector;
    FUNCTION "nand" (L,R: Std_Logic_Vector )  RETURN Std_Logic_Vector;
    FUNCTION "nand" (L,R: Std_ULogic_Vector)  RETURN Std_ULogic_Vector;
    FUNCTION "or"   (L,R: Std_Logic_Vector )  RETURN Std_Logic_Vector;
    FUNCTION "or"   (L,R: Std_ULogic_Vector)  RETURN Std_ULogic_Vector;
    FUNCTION "nor"  (L,R: Std_Logic_Vector )  RETURN Std_Logic_Vector;
    FUNCTION "nor"  (L,R: Std_ULogic_Vector)  RETURN Std_ULogic_Vector;
    FUNCTION "xor"  (L,R: Std_Logic_Vector )  RETURN Std_Logic_Vector;
    FUNCTION "xor"  (L,R: Std_ULogic_Vector)  RETURN Std_ULogic_Vector;
    -------------------------------------------------------------------
    -- Note: The declaration and implementation of the "xnor" function is
specifically commented
    -- until at which time the VHDL language has been officially adopted as
containing such a
    -- function. At such a point, the following comments may be removed along
with this notice
    -- without further "official" balloting of this Std_Logic_1164 package.
It is the intent of
    -- this effort to provide such a function once it becomes available in the
VHDL standard.
    -------------------------------------------------------------------
    FUNCTION "xnor" (L,R: Std_Logic_Vector )  RETURN Std_Logic_Vector;
    FUNCTION "xnor" (L,R: Std_ULogic_Vector)  RETURN Std_ULogic_Vector;
    FUNCTION "not"  (L: Std_Logic_Vector )    RETURN Std_Logic_Vector;
```

```
    FUNCTION "not" (L: Std_ULogic_Vector)    RETURN Std_ULogic_Vector;
    ----------------------------------------------------------------------
    -- conversion functions
    ----------------------------------------------------------------------

    FUNCTION To_Bit      (s: Std_ULogic; xmap: Bit := '0')    RETURN Bit;
    FUNCTION To_BitVector (s: Std_Logic_Vector; xmap: Bit := '0') RETURN
Bit_Vector;
    FUNCTION To_BitVector (s: Std_ULogic_Vector; xmap: Bit := '0') RETURN
Bit_Vector;
    FUNCTION To_StdULogic     (b: Bit)              RETURN Std_ULogic;
    FUNCTION To_StdLogicVector    (b:  Bit_Vector)           RETURN
Std_Logic_Vector;
    FUNCTION    To_StdLogicVector      (s:   Std_ULogic_Vector)   RETURN
Std_Logic_Vector;
    FUNCTION   To_StdULogicVector  (b:  Bit_Vector)          RETURN
Std_ULogic_Vector;
    FUNCTION     To_StdULogicVector     (s:   Bit_Logic_Vector)   RETURN
Std_ULogic_Vector;
    ----------------------------------------------------------------------
    -- strength strippers and type convertors
    ----------------------------------------------------------------------

    FUNCTION To_X01  (s: Std_Logic_Vector)  RETURN Std_Logic_Vector;
    FUNCTION To_X01  (s: Std_ULogic_Vector) RETURN Std_ULogic_Vector;
    FUNCTION To_X01  (s: Std_ULogic)      RETURN X01;
    FUNCTION To_X01  (b: Bit_Vector)      RETURN Std_Logic_Vector;
    FUNCTION To_X01  (b: Bit_Vector)      RETURN Std_ULogic_Vector;
    FUNCTION To_X01  (b: Bit)         RETURN X01;
    FUNCTION To_X01Z (s: Std_Logic_Vector)  RETURN Std_Logic_Vector;
    FUNCTION To_X01Z (s: Std_ULogic_Vector) RETURN Std_ULogic_Vector;
    FUNCTION To_X01Z (s: Std_ULogic)      RETURN X01Z;
    FUNCTION To_X01Z (b: Bit_Vector)      RETURN Std_Logic_Vector;
    FUNCTION To_X01Z (b: Bit_Vector)      RETURN Std_ULogic_Vector;
    FUNCTION To_X01Z (b: Bit)         RETURN X01Z;
    FUNCTION To_UX01 (s: Std_Logic_Vector)  RETURN Std_Logic_Vector;
    FUNCTION To_UX01 (s: Std_ULogic_Vector) RETURN Std_ULogic_Vector;
    FUNCTION To_UX01 (s: Std_ULogic)      RETURN UX01;
    FUNCTION To_UX01 (b: Bit_Vector)      RETURN Std_Logic_Vector;
    FUNCTION To_UX01 (b: Bit_Vector)      RETURN Std_ULogic_Vector;
    FUNCTION To_UX01 (b: Bit)         RETURN UX01;
```

```
    -------------------------------------------------------------------
    -- edge detection
    -------------------------------------------------------------------
    FUNCTION Rising_Edge  (SIGNAL s: Std_ULogic)  RETURN Boolean;
    FUNCTION Falling_Edge  (SIGNAL s: Std_ULogic)  RETURN Boolean;
    -------------------------------------------------------------------
    -- object contains an unknown
```

-- synopsys synthesis_off

```
    FUNCTION Is_X (s: Std_ULogic_Vector)  RETURN Boolean;
    FUNCTION Is_X (s: Std_Logic_Vector)   RETURN Boolean;
    FUNCTION Is_X (s: Std_ULogic)         RETURN Boolean;
```

-- synopsys synthesis_on

END Std_Logic_1164;

```
    -------------------------------------------------------------------
    --Tile    : std_logic_1164 multi-value logic system
    --Library  : This package shall be compiled into a libray
    --         : symbolically named IEEE .
    --         :
    --Developers: IEEE model standards group (par 1164)
    -- Purpose  : This package defines a standard for designers to use in
describing
    --         : the interconnection data types used in vhdl modeling.
    --         :
    --Limitation : The logic system defined in this package may be insufficient for
    --         : modeling switched transistors, since such a requirement is out of
    --         : the scope of this effort. Furthermore, mathematics, primitives,
    --         : timing standards, etc. are considered orthogonal issues as it
relates to
    --         : this package and are therefore beyond the scope of the effort.
    --         :
    --Note     : No declarations or definitions shall be included in, or excluded
from this package.
    --         : The "package declaration" defines the types, subtypes and
declarations of
    --         : std_logic_1164. The std_logic_1164 package body shall be
    --         : considered the formal definition of the semantics of this
package.
    --         : Tool developers may choose to implement the package body
```

```
--           :  in the most efficient manner available to them.
-- ----------------------------------------------------------------------
-- modification history:
-- ----------------------------------------------------------------------
-- version | mod. Date:|
-- v4.200  | 01 / 02 / 91 |
-- v4.200  | 02 / 26 / 92 | Added Synopsys Synthesis Comments
-- ----------------------------------------------------------------------
PACKAGE BODY std_logic_1164 IS
-- ----------------------------------------------------------------------
--local types
-- ----------------------------------------------------------------------
    --synopsys synthesis_off
    TYPE Stdlogic_1d IS ARRAY (Std_ULogic) OF Std_ULogic;
    TYPE Stdlogic_table IS ARRAY (Std_ULogic, Std_ULogic) OF Std_ULogic;
    -- ------------------------------------------------------------------
    --resolution function
-- ------------------------------------------------------------------------
    CONSTANT resolution_table : Stdlogic_table:= (
    --      ----------------------------------------------------------
    --      |U    X    0    1    Z    W    L    H    -          |  |
    --      ----------------------------------------------------------
        ('U', 'U', 'U', 'U', 'U', 'U', 'U', 'U', 'U'),   -------- | U |
        ('U', 'X', 'X', 'X', 'X', 'X', 'X', 'X', 'X'),   ---------| X |
        ('U', 'X', '0', 'X', '0', '0', '0', '0', 'X'),   --------- | 0 |
        ('U', 'X', 'X', '1', '1', '1', '1', '1', 'X'),   ---- ----- | 1 |
        ('U', 'X', '0', '1', 'Z', 'W', 'L', 'H', 'X'),   ---------| Z |
        ('U', 'X', '0', '1', 'W', 'W', 'W', 'W', 'X'),   -------- | W |
        ('U', 'X', '0', '1', 'L', 'W', 'L', 'W', 'X'),   -------- | L |
        ('U', 'X', '0', '1', 'H', 'W', 'W', 'H', 'X'),   -------- | H |
        ('U', 'X', 'X', 'X', 'X', 'X', 'X', 'X', 'X'),   -------- | - |
        );
-- synopsys sythesis_on
FUNCTION resolved (s: Std_ULogic_Vector) RETURN Std_ULogic IS
    --synopsys synthesis_off
    VARIABLE result : Std_ULogic := 'Z' ; --weakest state default
    -- synopsys syntesis_on
BEGIN
-- ----------------------------------------------------------------------
```

191

```
                -- the test for a single driver is essential otherwise the loop would
                -- return 'X' for a single driver of '-' and that would conflict with
                -- the value of a single driver unresolved signal.
                --synopsys synthesis_off
                IF (s'Length = 1) THEN RETURN s(s'Low);
                ELSE
                  FOR i IN s'Range LOOP
                      Result := resolution_table(result, s(i));
                  END LOOP;
                END IF;
                RETURN result;
            -- synopsys synthesis_on
        END resolved;
    --------------------------------------------------------------------------
-- tables for logical operations
    --------------------------------------------------------------------------
    -- synopsys synthesis_off
    -- truth table for "and" function
        CONSTANT and_table : Stdlogic_Table := (
    --          ----------------------------------------------------------------
    --          | U  X  0  1  Z  W  L  H  -    -----  |  |
    --          ----------------------------------------------------------------
            ('U', 'U', '0', 'U', 'U', 'U', '0', 'U', 'U'),   -------- | U |
            ('U', 'X', '0', 'X', 'X', 'X', '0', 'X', 'X'),   -------- | X |
            ('0', '0', '0', '0', '0', '0', '0', '0', '0'),   -------- | 0 |
            ('U', 'X', '0', '1', 'X', 'X', '0', '1', 'X'),   -------- | 1 |
            ('U', 'X', '0', 'X', 'X', 'X', '0', 'X', 'X'),   -------- | Z |
            ('U', 'X', '0', 'X', 'X', 'X', '0', 'X', 'X'),   -------- | W |
            ('U', '0', '0', '0', '0', '0', '0', '0', '0'),   -------- | L |
            ('U', 'X', '0', '1', 'X', 'X', '0', '1', 'X'),   -------- | H |
            ('U', 'X', '0', 'X', 'X', 'X', '0', 'X', 'X'),   -------- | - |
        );
        -- truth table for "or" function
        CONSTANT or_table : Stdlogic_Table:= (
    --          ----------------------------------------------------------------
    --          | U  X  0  1  Z  W  L  H  -           |  |
    --          ----------------------------------------------------------------
            ('U', 'U', 'U', '1', 'U', 'U', 'U', '1', 'U'),   -------- | U |
```

```
              ('U', 'X', 'X', '1', 'X', 'X', 'X', '1', 'X'),  -------- | X |
              ('U', 'X', '0', '1', 'X', 'X', '0', '1', 'X'),  -------- | 0 |
              ('1', '1', '1', '1', '1', '1', '1', '1', '1'),  -------- | 1 |
              ('U', 'X', 'X', '1', 'X', 'X', 'X', '1', 'X'),  -------- | Z |
              ('U', 'X', 'X', '1', 'X', 'X', 'X', '1', 'X'),  -------- | W |
              ('U', 'X', '0', '1', 'X', 'X', '0', '1', '0'),  -------- | L |
              ('1', '1', '1', '1', '1', '1', '1', '1', '1'),  -------- | H |
              ('U', 'X', 'X', '1', 'X', 'X', 'X', '1', 'X'),  -------- | - |
         );
       --truth table for "xor" function
       CONSTANT xor_table: Stdlogic_Table:= (
    --        ----------------------------------------------------------------
    --         | U   X   0   1   Z   W   L   H   -      ------- |  |
    --        ----------------------------------------------------------------
              ('U', 'U', 'U', 'U', 'U', 'U', 'U', 'U', 'U'),  -------- | U |
              ('U', 'X', 'X', 'X', 'X', 'X', 'X', 'X', 'X'),  -------- | X |
              ('U', 'X', '0', '1', 'X', 'X', '0', '1', 'X'),  -------- | 0 |
              ('U', 'X', '1', '0', 'X', 'X', '1', '0', 'X'),  -------- | 1 |
              ('U', 'X', 'X', 'X', 'X', 'X', 'X', 'X', 'X'),  ------- | Z |
              ('U', 'X', 'X', 'X', 'X', 'X', 'X', 'X', 'X'),  -------- | W |
              ('U', 'X', '0', '1', 'X', 'X', '0', '1', 'X'),  -------- | L |
              ('U', 'X', '1', '0', 'X', 'X', '1', '0', 'X'),  -------- | H |
              ('U', 'X', 'X', 'X', 'X', 'X', 'X', 'X', 'X'),  -------- | - |
         );
    --truth table for "not" function
    CONSTANT not_table: Stdlogic_1d:=
    --        ----------------------------------------------------------------
    --         | U  X   0   1   Z   W   L   H   -       -----  |
    --        ----------------------------------------------------------------
              ('U', 'X', '1', '0', 'X', 'X', '1', '0', 'X');
    --synopsys synthesis_on
    ----------------------------------------------------------------------------
         --overloaded logical operators (with optimizing hints)
    ----------------------------------------------------------------------------
     FUNCTION "and"( l : Std_ULogic; r : Std_ULogic) RETURN UX01 IS
     --pragma built_in SYN_AND
     --pragma subpgm_id 184
     BEGIN
     --synopsys synthesis_off
```

193

```
        RETURN (and_table(l, r));
    --synopsys synthesis_on
    END "and";


    FUNCTION "nand" ( l : Std_ULogic; r : Std _ULogic) RETURN UX01 IS
    --pragma built_in SYN_NAND
    --pragma subpgm_id 185
    BEGIN
    --synopsys synthesis_off
        RETURN (not_table(and_table(l , r)));
    --synopsys synthesis_on
    END "nand";


    FUNCTION "or"( l : Std_ULogic; r : Std_ULogic) RETURN UX01 IS
    -- pragma built_in SYN_OR
    -- pragma subpgm_id 186
    BEGIN
    --synopsys synthesis_off
      RETURN(or_table(l , r));
    --synopsys synthesis_on
    END "or";


    FUNCTION "nor" ( l : Std_ULogic; r : Std_ULogic) RETURN UX01 IS
    --pragma built_in SYN_NOR
    --pragma subpgm_id 187
    BEGIN
    --synopsys synthesis_off
        RETURN (not_table(or_table(l , r)));
    --synopsys synthesis_on
    END "nor";


    FUNCTION "xor" ( l : Std_ULogic; r : Std_ULogic) RETURN UX01 IS
    --pragma built_in SYN_XOR
    --pragma subpgm_id 188
    BEGIN
    --synopsys synthesis_off
  RETURN (xor_table(l , r));
    --synopsys synthesis_on
    END "xor";
```

```
--    FUNCTION "xnor" ( l : Std_ULogic; r : Std_ULogic) RETURN UX01 IS
-----pragma built_in SYN_XNOR
-----pragma subpgm_id 189
--BEGIN
-----synopsys synthesis_off
--    RETURN not_table(xor_table(l, r));
----synopsys synthesis_on
--END "xnor";


FUNCTION xnor ( l : Std_ULogic; r : Std_ULogic) RETURN UX01 IS
---pragma built_in SYN_XNOR
---pragma subpgm_id 189
BEGIN
---synopsys synthesis_off
        RETURN not_table(xor_table(l, r));
--synopsys synthesis_on
END xnor;


FUNCTION "not" ( l : Std_ULogic) RETURN UX01 IS
    --pragma built_in SYN_NOT
    --pragma subpgm_id 190
    BEGIN
    --synopsys synthesis_off
      RETURN (not_table(l));
    --synopsys synthesis_on
END "not";
-----------------------------------------------------------------------
--and
-----------------------------------------------------------------------
FUNCTION "and"( l, r : Std_Logic_Vector) RETURN Std_Logic_Vector IS
-- pragma built_in SYN_AND
--pragma subpgm_id 198
--synopsys synthesis_off
 ALIAS lv : Std_Logic_Vector(1 TO l'Length) IS l;
 ALIAS rv : Std_Logic_Vector(1 TO r'Length) IS r;
 VARIABLE result : Std_Logic_Vector(1 TO l'Length);
--synopsys synthesis_on
BEGIN
```

```
    --synopsys synthesis_off
    IF (l'Length/=r'Length) THEN
      ASSERT False
      REPORT"arguments of overloaded 'and' operator are not of the same length"
      SEVERITY Failure;
    ELSE
      FOR i IN result'Range LOOP
          result(i)  := and_table(lv(i), rv(i));
      END LOOP;
    END IF;
    RETURN result;
    -- synopsys synthesis_on
END "and";
--------------------------------------------------------------------------
FUNCTION "and"( l, r : Std_ULogic_Vector) RETURN Std_ULogic_Vector IS
-- pragma built_in SYN_AND
--pragma subpgm_id 191
--synopsys synthesis_off
 ALIAS lv : Std_ULogic_Vector(1 TO l'Length) IS l;
 ALIAS rv : Std_ULogic_Vector(1 TO r'Length) IS r;
 VARIABLE result : Std_ULogic_Vector(1 TO l'Length);
--synopsys synthesis_on
BEGIN
    --synopsys synthesis_off
    IF (l'Length/=r'Length) THEN
      ASSERT False
      REPORT"arguments of overloaded 'and' operator are not of the same length"
      SEVERITY Failure;
    ELSE
        FOR i IN result'Range LOOP
          result(i)  := and_table(lv(i), rv(i));
      END LOOP;
    END IF;
    RETURN result;
    -- synopsys synthesis_on
END "and";
--------------------------------------------------------------------------
--nand
--------------------------------------------------------------------------
```

```
FUNCTION "nand"( l , r : Std_Logic_Vector) RETURN Std_Logic_Vector IS
-- pragma built_in SYN_NAND
--pragma subpgm_id 199
--synopsys synthesis_off
 ALIAS lv : Std_Logic_Vector(1 TO l'Length) IS l;
 ALIAS rv : Std_Logic_Vector(1 TO r'Length) IS r;
 VARIABLE result : Std_Logic_Vector(1 TO l'Length);
--synopsys synthesis_on
BEGIN
    --synopsys synthesis_off
    IF (l'Length /= r'Length) THEN
     ASSERT False
     REPORT"arguments of overloaded 'nand' operator are not of the same length"
     SEVERITY Failure;
    ELSE
     FOR i IN result'Range LOOP
         result(i)  := not_table(and_table(lv(i), rv(i)));
     END LOOP;
    END IF;
    RETURN result;
    -- synopsys synthesis_on
END "nand";
----------------------------------------------------------------------------
FUNCTION "nand"( l, r : Std_ULogic_Vector) RETURN Std_ULogic_Vector IS
-- pragma built_in SYN_NAND
--pragma subpgm_id 192
--synopsys synthesis_off
 ALIAS lv : Std_ULogic_Vector (1 TO l'Length) IS l;
 ALIAS rv : Std_ULogic_Vector (1 TO r'Length) IS r;
 VARIABLE  result : Std_ULogic_Vector (1 TO l'Length);
--synopsys synthesis_on
BEGIN
    --synopsys synthesis_off
    IF (l'Length /= r'Length) THEN
     ASSERT False
     REPORT"arguments of overloaded 'nand' operator are not of the same length"
     SEVERITY Failure;
    ELSE
    FOR i IN result'Range LOOP
```

197

```vhdl
          result(i)  := not_table(and_table(lv(i), rv(i)));
      END LOOP;
    END IF;
    RETURN result;
    -- synopsys synthesis_on
END "nand";
-------------------------------------------------------------------
--or
-------------------------------------------------------------------
FUNCTION "or"( l , r : Std_Logic_Vector) RETURN Std_Logic_Vector IS
-- pragma built_in SYN_OR
--pragma subpgm_id 200
--synopsys synthesis_off
 ALIAS lv : Std_Logic_Vector(1 TO l'Length) IS l;
 ALIAS rv : Std_Logic_Vector(1 TO r'Length) IS r;
 VARIABLE result : Std_Logic_Vector(1 TO l'Length);
--synopsys synthesis_on
BEGIN
    --synopsys synthesis_off
    IF (l'Length /= r'Length) THEN
      ASSERT False
      REPORT"arguments of overloaded 'or' operator are not of the same length"
      SEVERITY Failure;
    ELSE
      FOR i IN result'RANGE LOOP
          result(i)  := or_table((lv(i), rv(i)));
      END LOOP;
    END IF;
    RETURN result;
    -- synopsys synthesis_on
END "or";
-------------------------------------------------------------------
FUNCTION "or"( l, r : Std_ULogic_Vector) RETURN Std_ULogic_Vector IS
-- pragma built_in SYN_OR
--pragma subpgm_id 193
--synopsys synthesis_off
 ALIAS lv : Std_ULogic_Vector (1 TO l'Length) IS l;
 ALIAS rv : Std_ULogic_Vector (1 TO r'Length) IS r;
 VARIABLE  result : Std_ULogic_Vector (1 TO l'Length);
```

```
--synopsys synthesis_on
BEGIN
    --synopsys synthesis_off
    IF ( l'Length /= r'Length) THEN
      ASSERT False
      REPORT"arguments of overloaded 'or' operator are not of the same length"
      SEVERITY Failure;
    ELSE
        FOR i IN result'Range LOOP
          result(i)  := or_table(lv(i), rv(i));
      END LOOP;
    END IF;
    RETURN result;
    -- synopsys synthesis_on
END "or";
-----------------------------------------------------------------------
--nor
-----------------------------------------------------------------------
FUNCTION "nor"( l , r : Std_Logic_Vector) RETURN Std_Logic_Vector IS
-- pragma built_in SYN_NOR
--pragma subpgm_id 201
--synopsys synthesis_off
 ALIAS lv : Std_Logic_Vector(1 TO l'Length) IS l;
 ALIAS rv : Std_Logic_Vector(1 TO r'Length) IS r;
 VARIABLE result : Std_Logic_Vector(1 TO l'Length);
--synopsys synthesis_on
BEGIN
    --synopsys synthesis_off
    IF (l'Length /= r'Length) THEN
      ASSERT False
      REPORT"arguments of overloaded 'nor' operator are not of the same length"
      SEVERITY Failure;
    ELSE
    FOR i IN result'Range LOOP
        result(i)  := not_table(or_table(lv(i), rv(i)));
    END LOOP;
    END IF;
    RETURN result;
    -- synopsys synthesis_on
```

```
END "nor";
--------------------------------------------------------------------------
FUNCTION "nor"( l, r : Std_ULogic_Vector) RETURN Std_ULogic_Vector IS
-- pragma built_in SYN_NOR
--pragma subpgm_id 194
--synopsys synthesis_off
 ALIAS lv : Std_ULogic_Vector (1 TO l'Length) IS l;
 ALIAS rv : Std_ULogic_Vector (1 TO r'Length) IS r;
 VARIABLE  result :  Std_ULogic_Vector (1 TO l'Length);
--synopsys synthesis_on
BEGIN
    --synopsys synthesis_off
    IF (l'Length /= r'Length) THEN
      ASSERT False
      REPORT"arguments of overloaded 'nor' operator are not of the same length"
      SEVERITY Failure;
     ELSE
    FOR i IN result'Range LOOP
          result(i)  := not_table(or_table(lv(i), rv(i)));
      END LOOP;
     END IF;
     RETURN result;
     -- synopsys synthesis_on
END "nor";
--------------------------------------------------------------------------
--- xor
--------------------------------------------------------------------------
FUNCTION "xor"( l , r : Std_Logic_Vector) RETURN Std_Logic_Vector IS
-- pragma built_in SYN_XOR
--pragma subpgm_id 202
--synopsys synthesis_off
 ALIAS lv : Std_Logic_Vector(1 TO l'Length) IS l;
 ALIAS rv : Std_Logic_Vector(1 TO r'Length) IS r;
 VARIABLE result : Std_Logic_Vector(1 TO l'Length);
--synopsys synthesis_on
BEGIN
    --synopsys synthesis_off
    IF (l'Length /= r'Length) THEN
       ASSERT False        -
```

```vhdl
      REPORT"arguments of overloaded 'xor' operator are not of the same length"
      SEVERITY Failure;
    ELSE
      FOR i IN result'Range LOOP
          result(i)  := xor_table(lv(i), rv(i));
      END LOOP;
    END IF;
    RETURN result;
    -- synopsys synthesis_on
END "xor";
--------------------------------------------------------------------------------
FUNCTION "xor"( l, r : Std_ULogic_Vector) RETURN Std_ULogic_Vector IS
-- pragma built_in SYN_XOR
--pragma subpgm_id 195
--synopsys synthesis_off
 ALIAS lv : Std_ULogic_Vector (1 TO l'Length) IS l;
 ALIAS rv : Std_ULogic_Vector (1 TO r'Length) IS r;
 VARIABLE  result : Std_ULogic_Vector (1 TO l'Length);
--synopsys synthesis_on
BEGIN
  --synopsys synthesis_off
  IF (l'Length /= r'Length) THEN
    ASSERT False
    REPORT"arguments of overloaded 'xor' operator are not of the same length"
    SEVERITY Failure;
  ELSE
  FOR i IN result'Range LOOP
        result(i)  := xor_table(lv(i), rv(i));
    END LOOP;
  END IF;
  RETURN result;
  -- synopsys synthesis_on
END "xor";
-- ----------------------------------------------------------------------------
-- --xnor
-- ----------------------------------------------------------------------------
-- Note : The declaration and implementation of the "xnor" function is
-- specifically commented until at which time the VHDL language has been
-- officially adopted as containing such a function. At such a point,
```

```
--  the following comments may be removed along with this notice without
--  further"official" balloting of this std_logic_1164 package.It is
--  the intent of this effort to provide such a function once it becomes
--  available in the VHDL standard.
-- ----------------------------------------------------------------------
--FUNCTION "xnor" (l , r : Std_Logic_Vector) RETURN Std_Logic_Vector IS
--   -- pragma built_in SYN_XNOR
--   --pragma subpgm_id 203
--   --synopsys synthesis_off
--   ALIAS lv : Std_Logic_Vector (1 TO l'Length) IS l;
--   ALIAS rv : Std_Logic_Vector (1 TO r'Length) IS r;
--   VARIABLE result : Std_Logic_Vector (1 TO l'Length);
--   --synopsys synthesis_on
--BEGIN
--   --synopsys synthesis_off
--   IF (l'Length /= r'Length) THEN
--     ASSERT False
--     REPORT "arguments of overloaded 'xnor' operator are not of the same
length"
--     SEVERITY Failure;
--   ELSE
--     FOR i IN result'Range LOOP
--         result(i)  := not_table(xor_table(lv(i), rv(i)));
--     END LOOP;
--   END IF;
--   RETURN result;
--     --synopsys synthesis_on
--   END "xnor";
-- ----------------------------------------------------------------------
--FUNCTION "xnor" (l , r : Std_ULogic_Vector) RETURN Std_ULogic_Vector IS
--   -- pragma built_in SYN_XNOR
--   --pragma subpgm_id 196
--   --synopsys synthesis_off
--   ALIAS lv : Std_ULogic_Vector (1 TO l'Length) IS l;
--   ALIAS rv : Std_ULogic_Vector (1 TO r'Length) IS r;
--   variable result : Std_ULogic_Vector (1 TO l'Length);
--   --synopsys synthesis_on
--BEGIN
--   --synopsys synthesis_off
```

```
--    IF (l'Length /= r'Length) THEN
--       ASSERT False
--       REPORT "arguments of overloaded 'xnor' operator are not of the same
length"
--       SEVERITY Failure;
--    ELSE
--      FOR i IN result'Range LOOP
--          result(i)  := not_table(xor_table(lv(i), rv(i)));
--      END LOOP;
--    END IF;
--    RETURN result;
--    --synopsys synthesis_on
-- END "xnor";
--

------------------------------------------------------------------------------
  FUNCTION xnor (l , r : Std_Logic_Vector) RETURN Std_Logic_Vector IS
    -- pragma built_in SYN_XNOR
    --pragma subpgm_id 203
    --synopsys synthesis_off
    ALIAS lv : Std_Logic_Vector (1 TO l'Length) IS l;
    ALIAS rv : Std_Logic_Vector (1 TO r'Length) IS r;
    VARIABLE result : Std_Logic_Vector (1 TO l'Length);
    --synopsys synthesis_on
  BEGIN
    --synopsys synthesis_off
    IF (l'Length /= r'Length) THEN
      ASSERT False
      REPORT "arguments of overloaded 'xnor' operator are not of the same
length"
      SEVERITY Failure;
    ELSE
      FOR i IN result'Range LOOP
          result(i)  := not_table(xor_table(lv(i), rv(i)));
      END LOOP;
    END IF;
    RETURN result;
        --synopsys synthesis_on
    END xnor;
------------------------------------------------------------------------------
```

```
FUNCTION xnor (l , r : Std_ULogic_Vector) RETURN Std_ULogic_Vector IS
--    -- pragma built_in SYN_XNOR
--    --pragma subpgm_id 196
--    --synopsys synthesis_off
  ALIAS lv : Std_ULogic_Vector (1 TO l'Length) IS l;
  ALIAS rv : Std_ULogic_Vector (1 TO r'Length) IS r;
  VARIABLE result : Std_ULogic_Vector (1 TO l'Length);
--    --synopsys synthesis_on
BEGIN
--    --synopsys synthesis_off
  IF (l'Length /= r'Length) THEN
    ASSERT False
    REPORT "arguments of overloaded 'xnor' operator are not of the same length"
    SEVERITY Failure;
  ELSE
    FOR i IN result'Range LOOP
        result(i)  := not_table(xor_table(lv(i), rv(i)));
    END LOOP;
  END IF;
  RETURN result;
    --    --synopsys synthesis_on
    END xnor;
--------------------------------------------------------------------------
-- not
--------------------------------------------------------------------------
FUNCTION "not"(l : Std_Logic_Vector) RETURN Std_Logic_Vector IS
-- pragma built_in SYN_NOT
-- pragma subpgm_id 204
-- synopsys synthesis_off
    ALIAS lv : Std_Logic_Vector (1 TO l'Length) IS l;
    VARIABLE result : Std_Logic_Vector (1 TO l'Length) := (OTHERS=>'X');
--synopsys synthesis_on
BEGIN
    --synopsys synthesis_off
    FOR i IN result'Range LOOP
        result(i)  := not_table(lv(i));
    END LOOP;
    RETURN result;
    --synopsys synthesis_on
```

```
END;
--------------------------------------------------------------------------
FUNCTION "not"( l : Std_ULogic_Vector) RETURN Std_ULogic_Vector IS
-- pragma built_in SYN_NOT
-- pragma subpgm_id 197
-- synopsys synthesis_off
    ALIAS lv : Std_ULogic_Vector (1 TO l'Length) IS l;
    VARIABLE result : Std_ULogic_Vector (1 TO l'Length) := (OTHERS=>'X');
--synopsys synthesis_on
BEGIN
    --synopsys synthesis_off
    FOR i IN result'Range LOOP
        result(i)  := not_table(lv(i));
    END LOOP;
    RETURN result;
    --synopsys synthesis_on
END;
--------------------------------------------------------------------------
-- conversion tables
--------------------------------------------------------------------------
--synopsys synthesis_off
TYPE logic_x01_table IS ARRAY (Std_ULogic'Low TO Std_ULogic'High) OF X01;
TYPE logic_x01z_table IS ARRAY (Std_ULogic'Low TO Std_ULogic'High) OF X01Z;
TYPE logic_ux01_table IS ARRAY (Std_ULogic'Low TO Std_ULogic'High) OF UX01;
    --------------------------------------------------------------------------
    table name : cvt_to_x01
    -- parameters :
    -- in        : Std_ULogic - some logic value
    -- returns    : x01 - state value of logic value
    -- purpose   : to convert state-strength to state only
    --example    : if (cvt_to_x01 (input_signal) = '1') then…
    --------------------------------------------------------------------------
    CONSTANT cvt_to_x01 : logic_x01_table := (
                    'X', - -   'U'
                    'X', - -   'X'
                    '0', - -   '0'
                    '1', - -   '1'
                    'X', - -   'Z'
                    'X', - -   'W'
```

```
                              '0', - -   'L'
                              '1', - -   'H'
                              'X', - -   '-'
                              );
--------------------------------------------------------------------
table name : cvt_to_x01z
-- parameters :
-- in      : Std_ULogic - some logic value
-- returns   : x01z - state value of logic value
-- purpose  : to convert state-strength to state only
--example  : if (cvt_to_x01z (input_signal) = '1') then…
--------------------------------------------------------------------
CONSTANT cvt_to_x01z : logic_x01z_table := (
                              'X', - -   'U'
                              'X', - -   'X'
                              '0', - -   '0'
                              '1', - -   '1'
                              'Z', - -   'Z'
                              'X', - -   'W'
                              '0', - -   'L'
                              '1', - -   'H'
                              'X', - -   '-'
                              );
--------------------------------------------------------------------
-- table name : cvt_to_ux01
-- parameters :
-- in       : Std_ULogic - some logic value
-- returns   : ux01 - state value of logic value
-- purpose  : to convert state-strength to state only
--example  : if (cvt_to_ux01 (input_signal) = '1') then…
--------------------------------------------------------------------
CONSTANT cvt_to_ux01 : logic_x01_table := (
                              'U', - -   'U'
                              'X', - -   'X'
                              '0', - -   '0'
                              '1', - -   '1'
                              'X', - -   'Z'
                              'X', - -   'W'
                              '0', - -   'L'
```

```
                        '1', - -   'H'
                        'X', - -   '-'
                        );
        -- synopsys synthesis_on
        -----------------------------------------------------------------
        conversion functions
        -----------------------------------------------------------------
        FUNCTION To_bit ( s : Std_Ulogic
        -- synopsys synthesis_off
                         ; xmap : Bit := '0'
        --synopsys synthesis_on
                    ) RETURN Bit IS
        --pragma built_in SYN_FEED_THRU
        --pragma subpgm_id 205
        BEGIN
        --synopsys synthesis_off
              CASE s IS
                WHEN '0' | 'L' =>RETURN ('0');
                WHEN '1' | 'H' =>RETURN ('1');
                WHEN OTHERS =>RETURN xmap;
              END CASE;
        --synopsys synthesis_on
        END;
        -----------------------------------------------------------------
        FUNCTION To_bitvector ( s : Std_Logic_Vector
        -- synopsys synthesis_off
                              ; xmap : Bit := '0'
--synopsys synthesis_on
                    ) RETURN Bit_Vector IS
        --pragma built_in SYN_FEED_THRU
        --pragma subpgm_id 206
        --synopsys synthesis_off
          ALIAS sv : Std_Logic_Vector (s'Length-1 DOWNTO 0 ) IS s ;
          VARIABLE result : Bit_Vector (s'Length-1 DOWNTO 0 ) ;
        --synopsys synthesis_on
        BEGIN
        --synopsys synthesis_off
        FOR i IN result'Range LOOP
          CASE sv(i) IS
```

```
                    WHEN '0' | 'L' => result(i) := '0' ;
                    WHEN '1' | 'H' => result(i) := '1' ;
                    WHEN OTHERS => result(i) := xmap ;
            END CASE;
        END LOOP;
        RETURN result;
        --synopsys synthesis_on
        END;
    ----------------------------------------------------------------------
        FUNCTION To_bitvector ( s : Std_ULogic_Vector
        -- synopsys synthesis_off
                                    ; xmap : Bit := '0'
    --synopsys synthesis_on
                    ) RETURN Bit_Vector IS
        --pragma built_in SYN_FEED_THRU
        --pragma subpgm_id 207
        --synopsys synthesis_off
         ALIAS sv : Std_ULogic_Vector (s'Length-1 DOWNTO 0 ) IS s ;
         VARIABLE result : Bit_Vector (s'Length-1 DOWNTO 0 ) ;
        --synopsys synthesis_on
        BEGIN
        --synopsys synthesis_off
        FOR i IN result'Range LOOP
          CASE sv(i) IS
                WHEN '0' | 'L' => result(i) := '0' ;
                WHEN '1' | 'H' => result(i) := '1' ;
                WHEN OTHERS => result(i) := xmap ;
          END CASE;
        END LOOP;
        RETURN result;
        --synopsys synthesis_on
        END;
    ----------------------------------------------------------------------
        FUNCTION To_Std_ULogic (b : BIT) RETURN Std_ULogic IS
        --pragma built_in SYN_FEED_THRU
        --pragma subpgm_id 209
        --synopsys synthesis_off
          ALIAS bv : Bit_Vector (b'Length-1 DOWNTO 0 ) IS b ;
          VARIABLE result : Std_Logic_Vector (b'Length-1 DOWNTO 0 ) ;
```

```
      --synopsys synthesis_on
    BEGIN
    --synopsys synthesis_off
        FOR i IN result'Range LOOP
        CASE bv(i) IS
              WHEN '0' => result(i) := '0' ;
              WHEN '1' => result(i) := '1' ;
              END CASE;
          END LOOP;
          RETURN result;
    --synopsys synthesis_on
     END;
    --------------------------------------------------------------------------
    FUNCTION To_StdLogicVector (s : Std_ULogic_Vector) RETURN Std_Logic_Vector
IS
    --pragma built_in SYN_FEED_THRU
    --pragma subpgm_id 210
    --synopsys synthesis_off
        ALIAS sv : Std_ULogic_Vector (s'Length-1 DOWNTO 0 ) IS s ;
        VARIABLE result : Std_Logic_Vector (s'Length-1 DOWNTO 0 ) ;
    --synopsys synthesis_on
    BEGIN
    --synopsys synthesis_off
        FOR i IN result'Range LOOP
        result(i)  := sv(i);
          END LOOP;
          RETURN result;
     --synopsys synthesis_on
    END;
    --------------------------------------------------------------------------
    FUNCTION To_StdULogicVector (b : Bit_Vector) RETURN Std_ULogic_Vector IS
    --pragma built_in SYN_FEED_THRU
    --pragma subpgm_id 211
    --synopsys synthesis_off
      ALIAS bv : Bit_Vector (b'Length-1 DOWNTO 0 ) IS b ;
        VARIABLE result : Std_ULogic_Vector (b'Length-1 DOWNTO 0 ) ;
    --synopsys synthesis_on
    BEGIN
    --synopsys synthesis_off
```

```
        FOR i IN result'Range LOOP
            CASE bv(i) IS
            WHEN '0' =>result(i) := '0' ;
            WHEN '1' =>result(i) := '1' ;
            END CASE;
        END LOOP;
        RETURN result;
    --synopsys synthesis_on
    END;
--------------------------------------------------------------------------
    FUNCTION    To_StdULogicVector    (s    :    Std_Logic_Vector)    RETURN
Std_ULogic_Vector IS
    --pragma built_in SYN_FEED_THRU
    --pragma subpgm_id 212
    --synopsys synthesis_off
        ALIAS sv : Std_Logic_Vector (s'Length-1 DOWNTO 0 ) IS s ;
        VARIABLE result : Std_ULogic_Vector (s'Length-1 DOWNTO 0 ) ;
    --synopsys synthesis_on
    BEGIN
    --synopsys synthesis_off
        FOR i IN result'Range LOOP
        result(i)  := sv(i);
            END LOOP;
            RETURN result;
    --synopsys synthesis_on
    END;
------------------------------------------------------------------
strength strippers and type convertors
--------------------------------------------------------- to_x01
------------------------------------------------------------------
    FUNCTION To_X01 ( s: Std_Logic_Vector ) RETURN Std_Logic_Vector IS
    --pragma built_in SYN_FEED_THRU
    --pragma subpgm_id 213
    --synopsys synthesis_off
        ALIAS sv : Std_Logic_Vector (1 TO s'Length) IS s ;
        VARIABLE result : Std_Logic_Vector (1 TO s'Length ) ;
    --synopsys synthesis_on
    BEGIN
    --synopsys synthesis_off
```

```
        FOR i IN result'Range LOOP
      result(i)  := cvt_to_x01(sv(i));
         END LOOP;
         RETURN result;
    --synopsys synthesis_on
  END;
-------------------------------------------------------------------

  FUNCTION To_X01 ( s: Std_ULogic_Vector ) RETURN Std_ULogic_Vector IS
  --pragma built_in SYN_FEED_THRU
  --pragma subpgm_id 214
  --synopsys synthesis_off
    ALIAS sv : Std_ULogic_Vector (1 TO s'Length) IS s ;
     VARIABLE result : Std_ULogic_Vector (1 TO s'Length ) ;
  --synopsys synthesis_on
  BEGIN
  --synopsys synthesis_off
       FOR i IN result'Range LOOP
     result(i)  := cvt_to_x01(sv(i));
         END LOOP;
         RETURN result;
    --synopsys synthesis_on
  END;
-------------------------------------------------------------------

  FUNCTION To_X01 (s : Std_ULogic ) RETURN X01 IS
  --pragma built_in SYN_FEED_THRU
  --pragma subpgm_id 215
  BEGIN
  --synopsys synthesis_off
    RETURN (cvt_to_x01(s));
  --synopsys synthesis_on
END;
-------------------------------------------------------------------

  FUNCTION To_X01 (b : Bit_Vector ) RETURN Std_Logic_Vector IS
  --pragma built_in SYN_FEED_THRU
  --pragma subpgm_id 216
  --synopsys synthesis_off
    ALIAS bv : Bit_Vector(1 TO b'Length ) IS b
    VARIABLE result : Std_Logic_Vector (1 TO b'Length);
  --synopsys synthesis_on
```

```vhdl
    BEGIN
    --synopsys synthesis_off
      FOR i IN result'Range LOOP
        CASE bv(i) IS
          WHEN '0' => result(i) := '0';
          WHEN '1' => result(i) := '1';
        END CASE;
      END LOOP;
      RETURN result;
    --synopsys synthesis_on
    END;
    ---------------------------------------------------------------FUNCTION
To_X01 (b : Bit_Vector ) RETURN Std_ULogic_Vector IS
    --pragma built_in SYN_FEED_THRU
    --pragma subpgm_id 217
    --synopsys synthesis_off
      ALIAS bv : Bit_Vector (1 TO b'Length ) IS b
      VARIABLE result : Std_ULogic_Vector (1 TO b'Length);
    --synopsys synthesis_on
    BEGIN
    --synopsys synthesis_off
      FOR i IN result'Range LOOP
        CASE bv(i) IS
          WHEN '0' =>result(i) := '0';
          WHEN '1' =>result(i) := '1';
        END CASE;
      END LOOP;
      RETURN result;
    --synopsys synthesis_on
    END;
    ---------------------------------------------------------------------
FUNCTION To_X01 (b : BIT ) RETURN X01 IS
    --pragma built_in SYN_FEED_THRU
    --pragma subpgm_id 218
    BEGIN
    --synopsys synthesis_off
        CASE b IS
            WHEN '0' =>RETURN('0');
            WHEN '1'=> RETURN('1');
```

```
            END CASE;
     --synopsys synthesis_on
     END;
     ----------------------------------------------------------------------
     -- to_x01z
     ----------------------------------------------------------------------
     FUNCTION To_X01Z (s : Std_Logic_Vector ) RETURN Std_Logic_Vector IS
     --pragma built_in SYN_FEED_THRU
     --pragma subpgm_id 219
     --synopsys synthesis_off
         ALIAS sv : Std_Logic_Vector (1 TO s'Length ) IS s
         VARIABLE result : Std_Logic_Vector (1 TO s'Length);
     --synopsys synthesis_on
     BEGIN
     --synopsys synthesis_off
         FOR i IN result'Range LOOP
            result(i)  := cvt_to_x01z(sv(i));
         END LOOP;
         RETURN result;
--synopsys synthesis_on
END;
     ----------------------------------------------------------------------
     FUNCTION To_X01Z (s : Std_ULogic_Vector ) RETURN Std_ULogic_Vector IS
     --pragma built_in SYN_FEED_THRU
     --pragma subpgm_id 220
     --synopsys synthesis_off
         ALIAS sv : Std_ULogic_Vector (1 TO s'Length ) IS s
         VARIABLE result : Std_ULogic_Vector (1 TO s'Length);
     --synopsys synthesis_on
     BEGIN
     --synopsys synthesis_off
         FOR i IN result'Range LOOP
            result(i) := cvt_to_x01z(sv(i));
         END LOOP;
         RETURN result;
--synopsys synthesis_on
END;
     ----------------------------------------------------------------------
     FUNCTION To_X01Z (s : Std_ULogic ) RETURN X01Z IS
```

213

```
--pragma built_in SYN_FEED_THRU
--pragma subpgm_id 221
BEGIN
--synopsys synthesis_off
 RETURN (cvt_to_x01z(s));
--synopsys synthesis_on
END;
--------------------------------------------------------------------------
FUNCTION To_X01Z (b : Bit_Vector ) RETURN Std_Logic_Vector IS
--pragma built_in SYN_FEED_THRU
--pragma subpgm_id 222
--synopsys synthesis_off
    ALIAS bv : Bit_Vector(1 TO b'Length ) IS b
    VARIABLE result : Std_Logic_Vector (1 TO b'Length);
--synopsys synthesis_on
BEGIN
--synopsys synthesis_off
    FOR i IN result'Range LOOP
      CASE bv(i) IS
        WHEN '0' =>result(i) := '0';
        WHEN '1' =>result(i) := '1';
      END CASE;
    END LOOP;
    RETURN result;
--synopsys synthesis_on
END;
--------------------------------------------------------------------------
FUNCTION To_X01Z (b : Bit_Vector ) RETURN Std_ULogic_Vector IS
--pragma built_in SYN_FEED_THRU
--pragma subpgm_id 223
--synopsys synthesis_off
    ALIAS bv : bit_vector(1 TO b'Length ) IS b
    VARIABLE result : Std_ULogic_Vector (1 TO b'Length);
--synopsys synthesis_on
BEGIN
--synopsys synthesis_off
    FOR i IN result'Range LOOP
      CASE bv(i) IS
        WHEN '0' => result(i) := '0';
```

```
                WHEN '1' => result(i) := '1';
            END CASE;
        END LOOP;
        RETURN result;
    --synopsys synthesis_on
    END; -------------------------------------------------------------------
    FUNCTION To_X01Z (b : Bit ) RETURN X01Z IS
    --pragma built_in SYN_FEED_THRU
    --pragma subpgm_id 224
    BEGIN
    --synopsys synthesis_off
        CASE b IS
            WHEN '0' =>RETURN('0');
            WHEN '1'=> RETURN('1');
        END CASE;
    --synopsys synthesis_on
    END;
    -------------------------------------------------------------------
to_ux01
    -------------------------------------------------------------------
    FUNCTION To_UX01 (s : Std_Logic_Vector ) RETURN Std_Logic_Vector IS
    --pragma built_in SYN_FEED_THRU
    --pragma subpgm_id 225
    --synopsys synthesis_off
        ALIAS sv : Std_Logic_Vector (1 TO s'Length ) IS s
        VARIABLE result : Std_Logic_Vector (1 TO s'Length);
    --synopsys synthesis_on
    BEGIN
    --synopsys synthesis_off
        FOR i IN result'Range LOOP
            result(i)  := cvt_to_ux01(sv(i));
        END LOOP;
        RETURN result;
--synopsys synthesis_on
END;
    -------------------------------------------------------------------
    FUNCTION To_UX01 (s : Std_ULogic_Vector ) RETURN Std_ULogic_Vector IS
    --pragma built_in SYN_FEED_THRU
    --pragma subpgm_id 226
```

```
    --synopsys synthesis_off
        ALIAS sv : Std_ULogic_Vector (1 TO s'Length ) IS s
        VARIABLE result : Std_ULogic_Vector (1 TO s'Length);
    --synopsys synthesis_on
    BEGIN
    --synopsys synthesis_off
        FOR i IN result'Range LOOP
            result(i)  := cvt_to_ux01(sv(i));
        END LOOP;
        RETURN result;
--synopsys synthesis_on
    END;
    -------------------------------------------------------------
    FUNCTION To_UX01 (s : Std_ULogic ) RETURN UX01 IS
     --pragma built_in SYN_FEED_THRU
     --pragma subpgm_id 227
    BEGIN
     --synopsys synthesis_off
     RETURN (cvt_to_ux01(s));
    --synopsys synthesis_on
    END;
    -------------------------------------------------------------
    FUNCTION To_UX01 (b : Bit_Vector ) RETURN Std_Logic_Vector IS
     --pragma built_in SYN_FEED_THRU
     --pragma subpgm_id 228
     --synopsys synthesis_off
        ALIAS bv : Bit_Vector(1 TO b'Length ) IS b
        VARIABLE result : Std_Logic_Vector (1 TO b'Length);
     --synopsys synthesis_on
    BEGIN
    --synopsys synthesis_off
        FOR i IN result'Range LOOP
            CASE bv(i) IS
                WHEN '0' =>result(i) := '0';
                WHEN '1' =>result(i) := '1';
            END CASE;
        END LOOP;
        RETURN result;
        --synopsys synthesis_on
```

```vhdl
END;
----------------------------------------------------------------------
FUNCTION To_UX01 (b : Bit_Vector ) RETURN Std_ULogic_Vector IS
 --pragma built_in SYN_FEED_THRU
 --pragma subpgm_id 229
 --synopsys synthesis_off
    ALIAS bv : Bit_Vector(1 TO b'Length ) IS b
    VARIABLE result : Std_ULogic_Vector (1 TO b'Length);
 --synopsys synthesis_on
  BEGIN
 --synopsys synthesis_off
    FOR i IN result'Range LOOP
      CASE bv(i) IS
        WHEN '0' =>result(i) := '0';
        WHEN '1' =>result(i) := '1';
      END CASE;
    END LOOP;
    RETURN result;
--synopsys synthesis_on
  END;
----------------------------------------------------------------------
FUNCTION To_UX01 (b : Bit ) RETURN UX01 IS
 --pragma built_in SYN_FEED_THRU
 --pragma subpgm_id 230
  BEGIN
 --synopsys synthesis_off
    CASE b IS
        WHEN '0' =>RETURN('0');
        WHEN '1'=> RETURN('1');
    END CASE;
 --synopsys synthesis_on
  END;
----------------------------------------------------------------------
edge detection
----------------------------------------------------------------------
FUNCTION rising_edge ( SIGNAL s : Std_ULogic) RETURN Boolean IS
 --pragma subpgm_id 231
  BEGIN
 --synopsys synthesis_off
```

217

```
    RETURN (s'Event AND (To_X01(s)='1') AND (To_X01(s'Last_Value)='0'));
--synopsys synthesis_on
END;


FUNCTION falling_edge (SIGNAL s: Std_ULogic) RETURN Boolean IS
--pragma subpgm_id 232
BEGIN
--synopsys synthesis_off
    RETURN (s'Event AND (To_X01(s)='0') AND (To_X01(s'Last_Value)='1'));
--synopsys synthesis_on
END;
------------------------------------------------------------------------------
object contains an unknown
------------------------------------------------------------------------------
synopsys synthesis_off
FUNCTION Is_X (s: Std_ULogic_Vector) RETURN Boolean IS
-- pragma subpgm_id 233
BEGIN
    FOR i IN s'Range LOOP
        CASE s(i) IS
            WHEN 'U' |'X'|'Z'|'W'|'-' => RETURN True;
            WHEN OTHERS => NULL;
    END CASE;
    END LOOP;
    RETURN False;
END;
------------------------------------------------------------------------------
FUNCTION Is_X (s: Std_Logic_Vector) RETURN Boolean IS
-- pragma subpgm_id 234
BEGIN
    FOR i IN s'Range LOOP
        CASE s(i) IS
            WHEN 'U' |'X'|'Z'|'W'|'-' => RETURN True;
            WHEN OTHERS => NULL;
    END CASE;
    END LOOP;
    RETURN False;
END;
------------------------------------------------------------------------------
```

```
FUNCTION Is_X (s: Std_ULogic) RETURN Boolean IS
-- pragma subpgm_id 235
BEGIN
    CASE s IS
        WHEN 'U' |'X'|'Z'|'W'|'-' => RETURN True;
        WHEN OTHERS => NULL;
        END CASE;
    RETURN False;
END;
--synopsys synthesis_on
END std_logic_1164;
```

7.2.2 标准逻辑算术程序包 STD_LOGIC_ARITH

Std_Logic_Arith 程序包声明了两个数组类型 Unsigned 和 Signed，该程序包中所声明的函数，不仅支持这两种新类型的算术、比较以及逻辑运算，而且支持 VHDL 标准程序包预定义的 Integer 类型与 Unsigned 和 Signed 类型的转换、算术、比较以及逻辑运算。其源代码如下：

```
-----------------------------------------------------------------------
-- Copyright (c) 1990,1991,1992 by Synopsys, Inc.  All rights reserved.
-- This source file may be used and distributed without restriction
-- provided that this copyright statement is not removed from the file.
-- and that any derivative work  contains this copyright notice.
--
-- Package name:Std_Logic_Arith
-- Purpose:
-- A set of arithemtic, conversion, and comparision functions
-- for Signed,Unsigned,Small_Int,Integer
-- Std_ULogic,Std_Logic,and Std_Logic_Vector.
-----------------------------------------------------------------------
LIBRARY IEEE;
USE IEEE.Std_Logic_1164.ALL;
PACKAGE Std_Logic_Arith IS
TYPE Usigned IS ARRAY (Natural range<>) OF Std_Logic;
TYPE Signed IS ARRAY (Natural range<>) OF Std_Logic;
SUBTYPE Small_Int IS Integer RANGE 0 TO 1;

FUNCTION "+" (L: Unsigned; R: Unsigned)     RETURN Unsigned;
FUNCTION "+" (L: Signed; R: Signed)         RETURN Signed;
```

```
FUNCTION "+" (L: Unsigned; R: Signed)          RETURN Signed;
FUNCTION "+" (L: Signed; R: Unsigned)          RETURN Signed;
FUNCTION "+" (L: Unsigned; R: Integer)         RETURN Unsigned;
FUNCTION "+" (L: Integer; R: Unsigned)         RETURN Unsigned;
FUNCTION "+" (L: Signed; R: Integer)           RETURN Signed;
FUNCTION "+" (L: Integer; R: Signed)           RETURN Signed;
FUNCTION "+" (L: Unsigned; R: Std_ULogic)      RETURN Unsigned;
FUNCTION "+" (L: Std_ULogic; R: Unsigned)      RETURN Unsigned;
FUNCTION "+" (L: igned; R: Std_ULogic)         RETURN Signed;
FUNCTION "+" (L: Std_ULogic; R: Std_ULogic)    RETURN Signed;


FUNCTION "+" (L: Unsigned; R: Unsigned)        RETURN Std_Logic_Vector;
FUNCTION "+" (L: Signed; R: Signed)            RETURN Std_Logic_Vector;
FUNCTION "+" (L: Unsigned; R: Signed)          RETURN Std_Logic_Vector;
FUNCTION "+" (L: Signed; R: Unsigned)          RETURN Std_Logic_Vector;
FUNCTION "+" (L: Unsigned; R: Integer)         RETURN Std_Logic_Vector;
FUNCTION "+" (L: Integer; R: Unsigned)         RETURN Std_Logic_Vector;
FUNCTION "+" (L: Signed; R: Integer)           RETURN Std_Logic_Vector;
FUNCTION "+" (L: Integer; R: Signed)           RETURN Std_Logic_Vector;
FUNCTION "+" (L: Unsigned; R: Std_ULogic)      RETURN Std_Logic_Vector;
FUNCTION "+" (L: Std_ULogic; R: Unsigned)      RETURN Std_Logic_Vector;
FUNCTION "+" (L: Signed; R: Std_ULogic)        RETURN Std_Logic_Vector;
FUNCTION "+" (L: Std_ULogic; R: Std_ULogic)    RETURN Std_Logic_Vector;


FUNCTION "-" (L: Unsigned; R: Unsigned)        RETURN Unsigned;
FUNCTION "-" (L: Signed; R: Signed)            RETURN Signed;
FUNCTION "-" (L: Unsigned; R: Signed)          RETURN Signed;
FUNCTION "-" (L: Signed; R: Unsigned)          RETURN Signed;
FUNCTION "-" (L: Unsigned; R: Integer)         RETURN Unsigned;
FUNCTION "-" (L: Integer; R: Unsigned)         RETURN Unsigned;
FUNCTION "-" (L: Signed; R: Integer)           RETURN Signed;
FUNCTION "-" (L: Integer; R: Signed)           RETURN Signed;
FUNCTION "-" (L: Unsigned; R: Std_ULogic)      RETURN Unsigned;
FUNCTION "-" (L: Std_ULogic; R: Unsigned)      RETURN Unsigned;
FUNCTION "-" (L: Signed; R: Std_ULogic)        RETURN Signed;
FUNCTION "-" (L: Std_ULogic; R: Std_ULogic)    RETURN Signed;


FUNCTION "-" (L: Unsigned; R: Unsigned)        RETURN Std_Logic_Vector;
FUNCTION "-" (L: Signed; R: Signed)            RETURN Std_Logic_Vector;
```

```
FUNCTION "-" (L: Unsigned; R: Signed)          RETURN Std_Logic_Vector;
FUNCTION "-" (L: Signed; R: Unsigned)          RETURN Std_Logic_Vector;
FUNCTION "-" (L: Unsigned; R: Integer)         RETURN Std_Logic_Vector;
FUNCTION "-" (L: Integer; R: Unsigned)         RETURN Std_Logic_Vector;
FUNCTION "-" (L: Signed; R: Integer)           RETURN Std_Logic_Vector;
FUNCTION "-" (L: Integer; R: Signed)           RETURN Std_Logic_Vector;
FUNCTION "-" (L: Unsigned; R Std_ULogic)       RETURN Std_Logic_Vector;
FUNCTION "-" (L: Std_ULogic; R: Unsigned)      RETURN Std_Logic_Vector;
FUNCTION "-" (L: Signed; R: Std_ULogic)        RETURN Std_Logic_Vector;
FUNCTION "-" (L: Std_ULogic; R: Std_ULogic)    RETURN Std_Logic_Vector;


FUNCTION "+" (L: Unsigned)                      RETURN Unsigned;
FUNCTION "+" (L: Signed)                        RETURN Signed;
FUNCTION "-" (L: Signed)                        RETURN Signed;
FUNCTION "ABS" (L: Signed)                      RETURN Signed;


FUNCTION "+" (L: Unsigned)                      RETURN Std_Logic_Vector;
FUNCTION "+" (L: Signed)                        RETURN Std_Logic_Vector;
FUNCTION "-" (L: Signed)                        RETURN Std_Logic_Vector;
FUNCTION "ABS" (L: Signed)                      RETURN Std_Logic_Vector;


FUNCTION "*" (L: Unsigned; R: Unsigned)         RETURN Unsigned;
FUNCTION "*" (L: Signed; R: Signed)             RETURN Signed;
FUNCTION "*" (L: Signed; R: Unsigned)           RETURN Signed;
FUNCTION "*" (L: Unsigned; R: Signed)           RETURN Signed;


FUNCTION "*" (L: Unsigned; R: Unsigned)         RETURN Std_Logic_Vector;
FUNCTION "*" (L: Signed; R: Signed)             RETURN Std_Logic_Vector;
FUNCTION "*" (L: Signed; R: Unsigned)           RETURN Std_Logic_Vector;
FUNCTION "*"(L: Unsigned; R: Signed)            RETURN Std_Logic_Vector;


FUNCTION "<" (L: Unsigned; R: Unsigned)         RETURN Boolean;
FUNCTION "<" (L: Signed; R: Signed)             RETURN Boolean;
FUNCTION "<" (L: Unsigned; R: Signed)           RETURN Boolean;
FUNCTION "<" (L: Signed; R: Unsigned)           RETURN Boolean;
FUNCTION "<" (L: Unsigned; R: Integer)          RETURN Boolean;
FUNCTION "<" (L: Integer; R: Unsigned)          RETURN Boolean;
FUNCTION "<" (L: Signed; R: Integer)            RETURN Boolean;
FUNCTION "<" (L: Integer; R: Signed)            RETURN Boolean;
```

```
FUNCTION "<=" (L: Unsigned; R: Unsigned)      RETURN Boolean;
FUNCTION "<=" (L: Signed; R: Signed)          RETURN Boolean;
FUNCTION "<=" (L: Unsigned; R: Signed)        RETURN Boolean;
FUNCTION "<=" (L: Signed; R: Unsigned)        RETURN Boolean;
FUNCTION "<=" (L: Unsigned; R: Integer)       RETURN Boolean;
FUNCTION "<=" (L: Integer; R: Unsigned)       RETURN Boolean;
FUNCTION "<=" (L: Signed; R: Integer)         RETURN Boolean;
FUNCTION "<="(L: Integer; R: Signed)          RETURN Boolean;

FUNCTION ">" (L: Unsigned; R: Unsigned)       RETURN Boolean;
FUNCTION ">" (L: Signed; R: Signed)           RETURN Boolean;
FUNCTION ">" (L: Unsigned; R: Signed)         RETURN Boolean;
FUNCTION ">" (L: Signed; R: Unsigned)         RETURN Boolean;
FUNCTION ">" (L: Unsigned; R: Integer)        RETURN Boolean;
FUNCTION ">" (L: Integer; R: Unsigned)        RETURN Boolean;
FUNCTION ">" (L: Signed; R: Integer)          RETURN Boolean;
FUNCTION ">" (L: Integer; R: Signed)          RETURN Boolean;

FUNCTION ">=" (L: Unsigned; R: Unsigned)      RETURN Boolean;
FUNCTION ">=" (L: Signed; R: Signed)          RETURN Boolean;
FUNCTION ">=" (L: Unsigned; R: Signed)        RETURN Boolean;
FUNCTION ">=" (L: Signed; R: Unsigned)        RETURN Boolean;
FUNCTION ">=" (L: Unsigned; R: Integer)       RETURN Boolean;
FUNCTION ">=" (L: Integer; R: Unsigned)       RETURN Boolean;
FUNCTION ">=" (L: Signed; R: Integer)         RETURN Boolean;
FUNCTION ">=" (L: Integer; R: Signed)         RETURN Boolean;

FUNCTION "=" (L: Unsigned; R: Unsigned)       RETURN Boolean;
FUNCTION "=" (L: Signed; R: Signed)           RETURN Boolean;
FUNCTION "=" (L: Unsigned; R: Signed)         RETURN Boolean;
FUNCTION "=" (L: Signed; R: Unsigned)         RETURN Boolean;
FUNCTION "=" (L: Unsigned; R: Integer)        RETURN Boolean;
FUNCTION "=" (L: Integer; R: Unsigned)        RETURN Boolean;
FUNCTION "=" (L: Signed; R: Integer)          RETURN Boolean;
FUNCTION "=" (L: Integer; R: Signed)          RETURN Boolean;

FUNCTION "/=" (L: Unsigned; R: Unsigned)      RETURN Boolean;
FUNCTION "/=" (L: Signed; R: Signed)          RETURN Boolean;
```

```
FUNCTION "/=" (L: Unsigned; R: Signed)        RETURN Boolean;
FUNCTION "/=" (L: Signed; R: Unsigned)        RETURN Boolean;
FUNCTION "/=" (L: Unsigned; R: Integer)       RETURN Boolean;
FUNCTION "/=" (L: Integer; R: Unsigned)       RETURN Boolean;
FUNCTION "/=" (L: Signed; R: Integer)         RETURN Boolean;
FUNCTION "/=" (L: Integer; R: Signed)         RETURN Boolean;


FUNCTION SHL (ARG: Unsigned; COUNT: Unsigned)  RETURN Unsigned;
FUNCTION SHL (ARG: Signed; COUNT: Unsigned)    RETURN Signed;
UNCTION SHR (ARG: Unsigned; COUNT: Unsigned)   RETURN Unsigned;
FUNCTION SHR (ARG: Signed; COUNT: Unsigned)    RETURN Signed;


FUNCTION CONV_INTEGER (ARG: Integer)      RETURN Integer;
FUNCTION CONV_INTEGER (ARG: Unsigned)     RETURN Integer;
FUNCTION CONV_INTEGER (ARG: Signed)       RETURN Integer;
FUNCTION CONV_INTEGER (ARG: Std_ULogic)   RETURN Integer;


FUNCTION CONV_UNSIGNED (ARG: Integer; SIZE: Integer) RETURN Unsigned;
FUNCTION CONV_UNSIGNED (ARG: Unsigned; SIZE: Integer) RETURN Unsigned;
FUNCTION CONV_UNSIGNED (ARG: Signed; SIZE: Integer)  RETURN Unsigned;
FUNCTION CONV_UNSIGNED (ARG: Std_ULogic;SIZE:Integer)RETURN Unsigned;


FUNCTION CONV_SIGNED (ARG: Integer; SIZE: Integer)   RETURN Signed;
FUNCTION CONV_SIGNED (ARG: Unsigned; SIZE: Integer)  RETURN Signed;
FUNCTION CONV_SIGNED (ARG: Signed; SIZE: Integer)    RETURN Signed;
FUNCTION CONV_SIGNED ARG: Std_ULogic; SIZE: Integer) RETURN Signed;


FUNCTION CONV_Std_Logic_Vector (ARG: Integer; SIZE: Integer)
                                         RETURN Std_Logic_Vector;
FUNCTION CONV_Std_Logic_Vector (ARG: Unsigned; SIZE: Integer)
                                         RETURN Std_Logic_Vector;
FUNCTION CONV_Std_Logic_Vector (ARG: Signed; SIZE: Integer)
                                         RETURN Std_Logic_Vector;
FUNCTION CONV_Std_Logic_Vector (ARG: Std_ULogic; SIZE: Integer)
                                         RETURN Std_Logic_Vector;
-- zero extend Std_Logic_Vector (ARG) to SIZE,
-- SIZE < 0 is same as SIZE=0
-- returns Std_Logic_Vector (SIZE-1 DOWNTO 0)
FUNCTION EXT (ARG: Std_Logic_Vector; SIZE: Integer) RETURN Std_Logic_Vector;
```

223

```
    -- sign extend Std_Logic_Vector (ARG) to SIZE,
    -- SIZE < 0 is same as SIZE=0
    -- returns Std_Logic_Vector (SIZE-1 DOWNTO 0)
  FUNCTION EXT (ARG: Std_Logic_Vector; SIZE: Integer) RETURN Std_Logic_Vector;
    END Std_Logic_Arith;
```

7.2.3   标准逻辑无符号数组扩展程序包 STD_LOGIC_UNSIGNED

```
    -----------------------------------------------------------------
    -- Copyrights (c) 1990,1991,1992 by Synopsys,Inc.
                                        --All rights reserved.
    -- This source file may be used and distributed without restriction
    -- provided that this copyright  statement is not removed from the file
    -- and that any derivative work contains this copyright notice.
    --
    -- Package name: Std_Logic_Unsigned
    -- DATE:           09/11/92 KN
    --                 10/08/92 AMT
    --
    -- Purpose:
    -- A set of unsigned arithemtic, conversion,
    --      and comparision functions for Std_Logic_Vector
    -- Note: Comparision of same length discrete arrays is defined by the LRM.
    --      This package will "overload" those definitions
    -----------------------------------------------------------------

    LIBRARY IEEE;
    USE IEEE.Std_Logic_1164.ALL;
    USE IEEE.Std_Logic_Arith.ALL;
    PACKAGE Std_Logic_Unsigned IS
    FUNCTION   "+"(L:   Std_Logic_Vector;   R:   Std_Logic_Vector)   RETURN
Std_Logic_Vector;
    FUNCTION   "+"(L:   Std_Logic_Vector;  R:   Integer)             RETURN
Std_Logic_Vector;
    FUNCTION   "+"  (L:Integer;R:Std_Logic_Vector)                  RETURN
Std_Logic_Vector;
    FUNCTION "+" (L: Std_Logic_Vector; R: Std_Logic)   RETURN Std_Logic_Vector;
    FUNCTION   "+"   (L:  Std_Logic;  R:  Std_Logic_Vector)         RETURN
Std_Logic_Vector;
```

FUNCTION "-"   (L: Std_Logic_Vector;   R:Std_Logic_Vector)   **RETURN** Std_Logic_Vector;

FUNCTION "-"   (L: Std_Logic_Vector; R: Integer)   **RETURN** Std_Logic_Vector;

FUNCTION "-"   (L: Integer; R: Std_Logic_Vector)   **RETURN** Std_Logic_Vector;

FUNCTION "-"   (L: Std_Logic_Vector; R: Std_Logic)   **RETURN** Std_Logic_Vector;

FUNCTION "-"   (L: Std_Logic; R: Std_Logic_Vector)   **RETURN** Std_Logic_Vector;

FUNCTION "+"   (L: Std_Logic_Vector)   **RETURN** Std_Logic_Vector;

FUNCTION "*"   (L: Std_Logic_Vector;   R: Std_Logic_Vector)   **RETURN** Std_Logic_Vector;

FUNCTION "<"   (L: Std_Logic_Vector; R: Std_Logic_Vector)   **RETURN** Boolean;
FUNCTION "<"   (L: Std_Logic_Vector; R: Integer)   **RETURN** Boolean;
FUNCTION "<"   (L: Integer; R: Std_Logic_Vector)   **RETURN** Boolean;

FUNCTION "<=" (L: Std_Logic_Vector; R: Std_Logic_Vector)   **RETURN** Boolean;
FUNCTION "<=" (L: Std_Logic_Vector; R: Integer)   **RETURN** Boolean;
FUNCTION "<=" (L: Integer; R: Std_Logic_Vector)   **RETURN** Boolean;

FUNCTION ">"   (L: Std_Logic_Vector; R: Std_Logic_Vector)   **RETURN** Boolean;
FUNCTION ">" (L: Std_Logic_Vector; R: Integer)   **RETURN** Boolean;
FUNCTION ">"   (L: Integer; R: Std_Logic_Vector)   **RETURN** Boolean;

FUNCTION ">=" (L: Std_Logic_Vector; R: Std_Logic_Vector)   **RETURN** Boolean;
FUNCTION ">=" (L: Std_Logic_Vector; R: Integer)   **RETURN** Boolean;
FUNCTION ">=" (L: Integer; R: Std_Logic_Vector)   **RETURN** Boolean;

FUNCTION "="   (L: Std_Logic_Vector; R: Std_Logic_Vector)   **RETURN** Boolean;
FUNCTION "="   (L: Std_Logic_Vector; R: Integer)   **RETURN** Boolean;
FUNCTION "="   (L: Integer; R: Std_Logic_Vector)   **RETURN** Boolean;

FUNCTION "/="(L: Std_Logic_Vector; R: Std_Logic_Vector)   **RETURN** Boolean;
FUNCTION "/="(L: Std_Logic_Vector; R: Integer)   **RETURN** Boolean;
FUNCTION "/="(L: Integer; R: Std_Logic_Vector)   **RETURN** Boolean;

225

```
    FUNCTION SHL (ARG: Std_Logic_Vector; COUNT: Std_Logic_Vector)
                                        RETURN Std_Logic_Vector;
    FUNCTION SHR (ARG: Std_Logic_Vector; COUNT: Std_Logic_Vector)
                                        RETURN Std_Logic_Vector;
    FUNCTION Conv_Integer (ARG: Std_Logic_Vector)    RETURN Integer;
--remove this since it is already in Std_Logic_Arith
 --FUNCTION Conv_Std_Logic_Vector (ARG: Integer; SIZE: Integer)
                                       -- RETURN Std_Logic_Vector;
    END Std_Logic_Unsigned;


    LIBRARY IEEE;
    USE IEEE.Std_Logic_1164.ALL;
    USE IEEE.Std_Logic_Arith.ALL;
    PACKAGE BODY Std_Logic_Unsigned IS
    FUNCTION maximum (L, R : Integer ) RETURN Integer IS
    BEGIN
        IF L>R THEN
            RETURN L;
        ELSE
            RETURN R;
        END IF;
    END;
    FUNCTION "+" (L: Std_Logic_Vector; R: Std_Logic_Vector) RETURN
Std_Logic_Vector IS
    --pragma label_applies_to plus
    CONSTANT length: Integer:= maximum(L'Length, R'Length);
    VARIABLE result : Std_Logic_Vector(length-1 DOWNTO 0);
    BEGIN
    result:= Unsigned(L)+Unsigned(R); --pragma label plus
    RETURN Std_Logic_Vector(result);
    END;
    FUNCTION "+" (L: Std_Logic_Vector; R: Integer) RETURN Std_Logic_Vector IS
    --pragma label_applies_to plus
     VARIABLE result : Std_Logic_Vector(L'Range);
    BEGIN
        result:= Unsigned(L)+R; --pragma label plus
        RETURN Std_Logic_Vector(result);
    END;
```

```
FUNCTION "+" (L: Integer; R: Std_Logic_Vector) RETURN Std_Logic_Vector IS
  --pragma label_applies_to plus
    VARIABLE result : Std_Logic_Vector(R'Range);
BEGIN
    result:= L+Unsigned(R); --pragma label plus
    RETURN Std_Logic_Vector(result);
END;
FUNCTION "+" (L: Std_Logic_Vector; R: Std_Logic) RETURN Std_Logic_Vector IS
  --pragma label_applies_to plus
    VARIABLE result : Std_Logic_Vector(L'Range);
BEGIN
    result:= Unsigned(L)+R; --pragma label plus
    RETURN Std_Logic_Vector(result);
END;
FUNCTION "+" (L: Std_Logic; R: Std_Logic_Vector) RETURN Std_Logic_Vector IS
    --pragma label_applies_to plus
    VARIABLE result : Std_Logic_Vector(R'Range);
BEGIN
    result:= L+Unsigned(R); --pragma label plus
    RETURN Std_Logic_Vector(result);
END;
FUNCTION "-" (L: Std_Logic_Vector; R: Std_Logic_Vector) RETURN
Std_Logic_Vector IS
    --pragma label_applies_to minus
    CONSTANT length: Integer:= maximum(L'Length, R'Length);
    VARIABLE result : Std_Logic_Vector(length-1 DOWNTO 0);
BEGIN
    result:= Unsigned(L)-Unsigned(R); --pragma label minus
    RETURN Std_Logic_Vector(result);
END;
FUNCTION "-" (L: Std_Logic_Vector; R: Integer) RETURN Std_Logic_Vector IS
    --pragma label_applies_to minus
    VARIABLE result : Std_Logic_Vector(L'Range);
BEGIN
    result:= Unsigned(L)-R; --pragma label minus
    RETURN Std_Logic_Vector(result);
END;
FUNCTION "-" (L: Integer; R: Std_Logic_Vector) RETURN Std_Logic_Vector IS
    --pragma label_applies_to minus
```

```
        VARIABLE result : Std_Logic_Vector(R'Range);
    BEGIN
        result:= L-Unsigned(R); --pragma label minus
        return Std_Logic_Vector(result);
    end;
    FUNCTION "-" (L: Std_Logic_Vector; R: Std _Logic) RETURN Std_Logic_Vector IS
        VARIABLE result : Std_Logic_Vector(L'Range);
    BEGIN
        result:= Unsigned(L)-R;
      RETURN Std_Logic_Vector(result);
    END;
    FUNCTION "-" (L: Std_Logic; R: Std _Logic_Vector) RETURN Std_Logic_Vector IS
        --pragma label_applies_to minus
        VARIABLE result : Std_Logic_Vector(R'Range);
    BEGIN
        result:= L-Unsigned(R); --pragma label minus
        RETURN Std_Logic_Vector(result);
    END;
    FUNCTION "+"( L: Std_Logic_Vector) RETURN Std_Logic_Vector IS
        VARIABLE result : Std_Logic_Vector(L'Range);
    BEGIN
        result := +Unsigned(L);
        RETURN Std_Logic_Vector(result);
    END;
    FUNCTION  "*"  (L:  Std_Logic_Vector;  R:  Std _Logic_Vector)  RETURN
Std_Logic_Vector IS
        --pragma label_applies_to mult
        CONSTANT length: Integer:= maximum(L'Length, R'Length);
        VARIABLE result : Std_Logic_Vector((L'Length+R'Length-1) DOWNTO 0);
    BEGIN
        result:= Unsigned(L)*Unsigned(R); ---pragma label mult
      RETURN Std_Logic_Vector(result);
    END;
    FUNCTION "<" (L: Std_Logic_Vector; R: Std _Logic_Vector) RETURN Boolean IS
        --pragma label_applies_to It
        CONSTANT length: Integer:= maximum(L'Length, R'Length);
    BEGIN
        RETURN Unsigned(L)<Unsigned(R); --pragma label It
    END;
```

```
    FUNCTION "<" (L: Std_Logic_Vector; R: Integer) RETURN Boolean IS
    --pragma label_applies_to It
    BEGIN
        RETURN Unsigned(L)<R; --pragma label It
    END;
    FUNCTION "<" (L: Integer; R: Std_Logic_Vector) RETURN Boolean IS
        --pragma label_applies_to It
    BEGIN
        RETURN L<Unsigned(R); --pragma label It
    END;
    FUNCTION "<=" (L: Std_Logic_Vector; R: Std_Logic_Vector) RETURN Boolean IS
        --pragma label_applies_to leq
    BEGIN
        RETURN Unsigned(L)<=Unsigned(R); --pragma label leq
    END;
    FUNCTION "<=" (L: Std_Logic_Vector; R: Integer) RETURN Boolean IS
        --pragma label_applies_to leq
    BEGIN
        RETURN Unsigned(L)<=R; --pragma label leq
    END;
    FUNCTION "<=" (L: Integer; R: Std_Logic_Vector) RETURN Boolean IS
        --pragma label_applies_to leq
    BEGIN
        RETURN L<=Unsigned(R); --pragma label leq
    END;
    FUNCTION ">" (L: Std_Logic_Vector; R: Std_Logic_Vector) RETURN Boolean IS
        --pragma label_applies_to gt
    BEGIN
        RETURN Unsigned(L)>Unsigned(R); --pragma label gt
    END;
    FUNCTION ">" (L: Std_Logic_Vector; R: Integer) RETURN Boolean IS
        --pragma label_applies_to gt
    BEGIN
        RETURN Unsigned(L)>R; --pragma label gt
    END;
    FUNCTION ">" (L: Integer; R: Std_Logic_Vector) RETURN Boolean IS
        --pragma label_applies_to gt
    BEGIN
        RETURN L>Unsigned(R); --pragma label gt
```

```
END;
FUNCTION ">=" (L: Std_Logic_Vector; R: Std _Logic_Vector) RETURN Boolean IS
    --pragma label_applies_to geq
BEGIN
    RETURN Unsigned(L)>=Unsigned(R); --pragma label geq
END;
FUNCTION ">=" (L: Std_Logic_Vector; R: Integer) RETURN Boolean IS
    --pragma label_applies_to geq
BEGIN
    RETURN Unsigned(L)>=R; --pragma label geq
END;
FUNCTION ">=" (L: Integer; R: Std _Logic_Vector) RETURN Boolean IS
    --pragma label_applies_to geq
BEGIN
    RETURN L>=Unsigned(R); --pragma label gt
END;
FUNCTION "=" (L: Std_Logic_Vector; R: Std _Logic_Vector) RETURN Boolean IS
BEGIN
    RETURN Unsigned(L)=Unsigned(R);
END;
FUNCTION "=" (L: Std_Logic_Vector; R: Integer) RETURN Boolean IS
BEGIN
    RETURN Unsigned(L)=R;
END;
FUNCTION "=" (L: Integer; R: Std _Logic_Vector) RETURN Boolean IS
BEGIN
    RETURN L=Unsigned(R);
END;
FUNCTION "/=" (L: Std_Logic_Vector; R: Std _Logic_Vector) RETURN Boolean IS
BEGIN
    RETURN Unsigned(L)/=Unsigned(R);
END;
FUNCTION "/=" (L: Std_Logic_Vector; R: Integer) RETURN Boolean IS
BEGIN
    RETURN Unsigned(L)/=R;
END;
FUNCTION "/=" (L: Integer; R: Std _Logic_Vector) RETURN Boolean IS
BEGIN
    RETURN L/=Unsigned(R);
```

```
END;
FUNCTION Conv_Integer(ARG: Std_Logic_Vector) RETURN Integer IS
    VARIABLE result: Usigned(ARG'Range);
BEGIN
    result:= Unsgined(ARG);
    RETURN Conv_Integer(result);
END;
FUNCTION SHL(ARG: Std_Logic_Vector; COUNT: Std_Logic_Vector) RETURN
                                        Std_Logic_Vector IS
BEGIN
    RETURN Std_Logic_Vector(SHL(Unsigned(ARG),Unsigned(COUNT)));
END;
FUNCTION SHR(ARG: Std_Logic_Vector; COUNT: Std_Logic_Vector) RETURN
                                        Std_Logic_Vector IS
BEGIN
    RETURN Std_Logic_Vector(SHR(Unsigned(ARG),Unsigned(COUNT)));
END;
--remove this since it is already in std_logic_arith
  --FUNCTION Conv_Std_Logic_Vectoer(ARG: Integer; SIZE: Integer) RETURN
                                        Std_Logic_Vector IS
--        VARIABLE result1: Unsgined(SIZE-1 DOWNTO 0);
--        VARIABLE result2: Std_Logic_Vector(SIZE-1 DOWNTO 0);
--BEGIN
--        result1:= Conv_Unsinged(ARG, SIZE);
        RETURN Std_Logic_Vector(result1);
--END;
END Std_Logic_Unsigned;
```

7.2.4 标准逻辑带符号数组扩展程序包 STD_LOGIC_SIGNED

```
---------------------------------------------------------------------
-- Copyrights (c) 1990,1991,1992 by Synopsys,Inc.
                                   --All rights reserved.
-- This source file may be used and distributed without restriction
-- provided that this copyright  statement is not removed from the file
-- and that any derivative work contains this copyright notice.

-- Package name: Std_Logic_Signed
-- DATE:        09/11/91 KN
```

```
--                10/08/92 AMT change std_ulogic to singed std_logic
--                10/28/92 AMT added signed functions,-, ABS
-- Purpose:
-- A set of signed arithemtic, conversion,
--     and comparision functions for Std_Logic_Vector
-- Note: Comparision of same length std_logic is defined in the LRM.
--     The interpretation is for unsigned vectors
--     This package will "overload" those definitions
----------------------------------------------------------------------
LIBRARY IEEE;
USE IEEE.Std_Logic_1164.ALL;
USE IEEE.Std_Logic_Arith.ALL;
PACKAGE Std_Logic_Signed IS
   FUNCTION  "+"(L:  Std_Logic_Vector;  R:  Std_Logic_Vector)  RETURN
Std_Logic_Vector;
   FUNCTION  "+"(L:  Std_Logic_Vector;  R:  Integer)           RETURN
Std_Logic_Vector;
   FUNCTION  "+"(L:  Integer;  R:  Std_Logic_Vector)           RETURN
Std_Logic_Vector;
   FUNCTION  "+"(L:  Std_Logic_Vector;  R:  Std_Logic)         RETURN
Std_Logic_Vector;
   FUNCTION  "+"(L:  Std_Logic;  R:  Std_Logic_Vector)         RETURN
Std_Logic_Vector;


   FUNCTION  "-"  (L:  Std_Logic_Vector;  R:  Std_Logic_Vector)  RETURN
Std_Logic_Vector;
   FUNCTION  "-"  (L:  Std_Logic_Vector ;  R:  Integer)          RETURN
Std_Logic_Vector;
   FUNCTION  "-"  (L:  Integer;  R:  Std_Logic_Vector)          RETURN
Std_Logic_Vector;
   FUNCTION  "-"  (L:  Std_Logic_Vector;  R:  Std_Logic)        RETURN
Std_Logic_Vector;
   FUNCTION  "-"  (L:  Std_Logic;  R:  Std_Logic_Vector)        RETURN
Std_Logic_Vector;


   FUNCTION "+" (L: Std_Logic_Vector)              RETURN Std_Logic_Vector;
   FUNCTION "-" (L: Std_Logic_Vector)              RETURN Std_Logic_Vector;
   FUNCTION "ABS"(L: Std_Logic_Vector)             RETURN Std_Logic_Vector;
   FUNCTION  "*"  (L:  Std_Logic_Vector;  R:  Std_Logic_Vector)  RETURN
```

```
Std_Logic_Vector;

    FUNCTION "<" (L: Std_Logic_Vector; R: Std_Logic_Vector)     RETURN Boolean;
    FUNCTION "<" (L: Std_Logic_Vector; R: Integer)              RETURN Boolean;
    FUNCTION "<" (L: Integer; R: Std_Logic_Vector)             RETURN Boolean;

    FUNCTION "<=" (L: Std_Logic_Vector; R: Std_Logic_Vector)    RETURN Boolean;
    FUNCTION "<=" (L: Std_Logic_Vector; R: Integer)            RETURN Boolean;
    FUNCTION "<=" (L: Integer; R: Std_Logic_Vector)           RETURN Boolean;

    FUNCTION ">" (L: Std_Logic_Vector; R: Std_Logic_Vector)     RETURN Boolean;
    FUNCTION ">" (L: Std_Logic_Vector; R: Integer)              RETURN Boolean;
    FUNCTION ">" (L: Integer; R: Std_Logic_Vector)             RETURN Boolean;

    FUNCTION ">=" (L: Std_Logic_Vector; R: Std_Logic_Vector)    RETURN Boolean;
    FUNCTION ">=" (L: Std_Logic_Vector; R: Integer)            RETURN Boolean;
    FUNCTION ">=" (L: Integer; R: Std_Logic_Vector)           RETURN Boolean;

    FUNCTION "=" (L: Std_Logic_Vector; R: Std_Logic_Vector)     RETURN Boolean;
    FUNCTION "=" (L: Std_Logic_Vector; R: Integer)              RETURN Boolean;
    FUNCTION "=" (L: Integer; R: Std_Logic_Vector)             RETURN Boolean;

    FUNCTION "/=" (L: Std_Logic_Vector; R: Std_Logic_Vector)    RETURN Boolean;
    FUNCTION "/=" (L: Std_Logic_Vector; R: Integer)            RETURN Boolean;
    FUNCTION "/=" (L: Integer; R: Std_Logic_Vector)           RETURN Boolean;

    FUNCTION SHL (ARG: Std_Logic_Vector; COUNT: Std_Logic_Vector)
                                        RETURN Std_Logic_Vector;
    FUNCTION SHR (ARG: Std_Logic_Vector; COUNT: Std_Logic_Vector)
                                        RETURN Std_Logic_Vector;
    FUNCTION Conv_Integer (ARG: Std_Logic_Vector)     RETURN Integer;
-- remove this since it is already in Std_Logic_Arith
    -- FUNCTION Conv_Std_Logic_Vector ( ARG: Integer; SIZE: Integer)
                                        -- RETURN Std_Logic_Vector;
    END Std_Logic_Signed;


    LIBRARY IEEE;
    USE IEEE.Std_Logic_1164.ALL;
    USE IEEE.Std_Logic_Arith.ALL;
```

```vhdl
PACKAGE BODY Std_Logic_Signed IS
FUNCTION maximum (L,R: Integer) RETURN Integer IS
BEGIN
    IF L>R THEN
        RETURN L;
    ELSE
        RETURN R;
    END IF;
END;
FUNCTION "+" (L: Std_Logic_Vector; R: Std _Logic_Vector) RETURN
Std_Logic_Vector IS
--pragma label_applies_to plus
CONSTANT length: Integer:= maximum(L'Length, R'Length);
VARIABLE result : Std_Logic_Vector(length-1 DOWNTO 0);
BEGIN
result:= Signed(L)+Signed(R); --pragma label plus
RETURN Std_Logic_Vector(result);
END;
FUNCTION "+" (L: Std_Logic_Vector; R: Integer) RETURN Std_Logic_Vector IS
--pragma label_applies_to plus
VARIABLE result : Std_Logic_Vector(L'Range);
BEGIN
    result:= Signed(L)+R; --pragma label plus
    RETURN Std_Logic_Vector(result);
END;
FUNCTION "+" (L: Integer; R: Std _Logic_Vector) RETURN Std_Logic_Vector IS
    --pragma label_applies_to plus
    VARIABLE result : Std_Logic_Vector(R'Range);
BEGIN
    result:= L+Signed(R); --pragma label plus
    RETURN Std_Logic_Vector(result);
END;
FUNCTION "+" (L: Std_Logic_Vector; R: Std _Logic) RETURN Std_Logic_Vector IS
    --pragma label_applies_to plus
    VARIABLE result : Std_Logic_Vector(L'Range);
BEGIN
    result:= Unsigned(L)+R; --pragma label plus
    RETURN Std_Logic_Vector(result);
END;
```

```
FUNCTION "+" (L: Std_Logic; R: Std _Logic_Vector) RETURN Std_Logic_Vector IS
    --pragma label_applies_to plus
    VARIABLE result : Std_Logic_Vector(R'Range);
BEGIN
    result:= L+Signed(R); --pragma label plus
    RETURN Std_Logic_Vector(result);
END;
FUNCTION   "-"   (L:  Std_Logic_Vector;   R:   Std  _Logic_Vector)   RETURN
Std_Logic_Vector IS
    --pragma label_applies_to minus
    CONSTANT length: Integer:= maximum(L'Length, R'Length);
    VARIABLE result : Std_Logic_Vector(length-1 DOWNTO 0);
BEGIN
    result:= Signed(L)-Signed(R); --pragma label minus
    RETURN Std_Logic_Vector(result);
END;
FUNCTION "-" (L: Std_Logic_Vector; R: Integer) RETURN Std_Logic_Vector IS
    --pragma label_applies_to minus
    VARIABLE result : Std_Logic_Vector(L'Range);
BEGIN
    result := Signed(L)-R; --pragma label minus
    RETURN Std_Logic_Vector(result);
END;
FUNCTION "-" (L: Integer; R: Std _Logic_Vector) RETURN Std_Logic_Vector IS
    --pragma label_applies_to minus
    VARIABLE result : Std_Logic_Vector(R'Range);
BEGIN
    result:= L-Signed(R); --pragma label minus
    return Std_Logic_Vector(result);
end;
FUNCTION "-" (L: Std_Logic_Vector; R: Std _Logic) RETURN Std_Logic_Vector IS
    VARIABLE result : Std_Logic_Vector(L'Range);
BEGIN
    result := Signed(L)-R;
    RETURN Std_Logic_Vector(result);
END;
FUNCTION "-" (L: Std_Logic; R: Std _Logic_Vector) RETURN Std_Logic_Vector IS
    --pragma label_applies_to minus
    VARIABLE result : Std_Logic_Vector(R'Range);
```

```
     BEGIN
         result:= L-Signed(R); --pragma label minus
         RETURN Std_Logic_Vector(result);
     END;
     FUNCTION "+"( L: Std_Logic_Vector) RETURN Std_Logic_Vector IS
         --pragma label_applies_to plus
         VARIABLE result : Std_Logic_Vector(L'Range);
     BEGIN
         result := +Signed(L);
         RETURN Std_Logic_Vector(result);
     END;
     FUNCTION "-"( L: Std_Logic_Vector) RETURN Std_Logic_Vector IS
         --pragma label_applies_to minus
         VARIABLE result : Std_Logic_Vector(L'Range);
     BEGIN
         result := - Signed(L); --pragma label minus
         RETURN Std_Logic_Vector(result);
     END;
     FUNCTION ABS ( L: Std_Logic_Vector) RETURN Std_Logic_Vector IS
         VARIABLE result : Std_Logic_Vector(L'Range);
     BEGIN
         result:= ABS(Signed(L));
         RETURN Std_Logic_Vector(result);
     END;
     FUNCTION    "*"   (L:  Std_Logic_Vector; R:  Std _Logic_Vector) RETURN
Std_Logic_Vector IS
         --pragma label_applies_to mult
         CONSTANT length: Integer:= maximum(L'Length, R'Length);
         VARIABLE result : Std_Logic_Vector((L'Length+R'Length-1) DOWNTO 0);
     BEGIN
         result:= Signed(L)*Signed(R); ---pragma label mult
         RETURN Std_Logic_Vector(result);
     END;
     FUNCTION "<" (L: Std_Logic_Vector; R: Std _Logic_Vector) RETURN Boolean IS
         --pragma label_applies_to It
         CONSTANT length: Integer:= maximum(L'Length, R'Length);
     BEGIN
         RETURN Signed(L) < Signed(R); --pragma label It
     END;
```

```
FUNCTION "<" (L: Std_Logic_Vector; R: Integer) RETURN Boolean IS
    --pragma label_applies_to It
BEGIN
    RETURN Signed(L)<R; --pragma label It
END;
FUNCTION "<" (L: Integer; R: Std _Logic_Vector) RETURN Boolean IS
    --pragma label_applies_to It
BEGIN
    RETURN L < Signed(R); --pragma label It
END;
FUNCTION "<=" (L: Std_Logic_Vector; R: Std _Logic_Vector) RETURN Boolean IS
    --pragma label_applies_to leq
BEGIN
    RETURN Signed(L) <= Signed(R); --pragma label leq
END;
FUNCTION "<=" (L: Std_Logic_Vector; R: Integer) RETURN Boolean IS
    --pragma label_applies_to leq
BEGIN
    RETURN Signed(L)<=R; --pragma label leq
END;
FUNCTION "<=" (L: Integer; R: Std _Logic_Vector) RETURN Boolean IS
    --pragma label_applies_to leq
BEGIN
    RETURN L <= Signed(R); --pragma label leq
END;
FUNCTION ">" (L: Std_Logic_Vector; R: Std _Logic_Vector) RETURN Boolean IS
    --pragma label_applies_to gt
BEGIN
    RETURN signed(L) > Signed(R); --pragma label gt
END;
FUNCTION ">" (L: Std_Logic_Vector; R: Integer) RETURN Boolean IS
    --pragma label_applies_to gt
BEGIN
    RETURN Signed(L)>R; --pragma label gt
END;
FUNCTION ">" (L: Integer; R: Std _Logic_Vector) RETURN Boolean IS
    --pragma label_applies_to gt
BEGIN
    RETURN L > Signed(R); --pragma label gt
```

```vhdl
END;
FUNCTION ">=" (L: Std_Logic_Vector; R: Std _Logic_Vector) RETURN Boolean IS
    --pragma label_applies_to geq
BEGIN
    RETURN Signed(L) >= Signed(R); --pragma label geq
END;
FUNCTION ">=" (L: Std_Logic_Vector; R: Integer) RETURN Boolean IS
    --pragma label_applies_to geq
BEGIN
    RETURN Signed(L) >= R; --pragma label geq
END;
FUNCTION ">=" (L: Integer; R: Std _Logic_Vector) RETURN Boolean IS
    --pragma label_applies_to geq
BEGIN
    RETURN L >= Signed(R); --pragma label gt
END;
FUNCTION "=" (L: Std_Logic_Vector; R: Std _Logic_Vector) RETURN Boolean IS
BEGIN
    RETURN Signed(L) = Signed(R);
END;
FUNCTION "=" (L: Std_Logic_Vector; R: Integer) RETURN Boolean IS
BEGIN
    RETURN Signed(L) = R;
END;
FUNCTION "=" (L: Integer; R: Std _Logic_Vector) RETURN Boolean IS
BEGIN
    RETURN L = Signed(R);
END;
FUNCTION "/=" (L: Std_Logic_Vector; R: Std _Logic_Vector) RETURN Boolean IS
BEGIN
    RETURN Signed(L) /= Signed(R);
END;
FUNCTION "/=" (L: Std_Logic_Vector; R: Integer) RETURN Boolean IS
BEGIN
    RETURN Signed(L) /= R;
END;
FUNCTION "/=" (L: Integer; R: Std _Logic_Vector) RETURN Boolean IS
BEGIN
    RETURN L /= Signed(R);
```

```
END;
FUNCTION SHL(ARG: Std_Logic_Vector; COUNT: Std_Logic_Vector) RETURN
                                            Std_Logic_Vector IS
BEGIN
    RETURN Std_Logic_Vector(SHL(Signed(ARG), Unsigned(COUNT)));
END;
FUNCTION SHR(ARG: Std_Logic_Vector; COUNT: Std_Logic_Vector) RETURN
                                            Std_Logic_Vector IS
BEGIN
    RETURN Std_Logic_Vector(SHR(Signed(ARG), Unsigned(COUNT)));
END;
--This function converts std_logic_vector to a signed integer value
--using a conversion function in std_logic_arith
FUNCTION Conv_Integer(ARG: Std_Logic_Vector) RETURN Integer IS
    VARIABLE result: Signed(ARG'Range);
BEGIN
    result := Sgined(ARG);
    RETURN Conv_Integer(result);
END;
END Std_Logic_Signed;
```

7.3 本章小结

本章主要展示了 VHDL 标准设计库中的标准程序包（STANDARD）、文本输入/输出程序包（TEXTIO），以及 IEEE VHDL 设计库中的 Std_Logic_1164、Std_Logic_Arith、Std_Logic_Unsigned、Std_Logic_Signed 等常用程序包的源代码。读者通过阅读和分析这些源代码，能够了解可以利用哪些资源设计数字系统，以及学习如何设计共享资源的技巧。

由于 Std_Logic_Arith 程序包的包体源代码较长，在本章中未能予展示，有兴趣的读者可以参考有关文献。

附录 A VHDL 保留字

在下面的 VHDL 保留字中，VHDL'93 引入的保留字用黑体划线所示。

ABS	ACCESS	AFTER	ALIAS	ALL
AND	ARCHITECTURE	ARRAY	ASSERT	ATTRIBUTE
BEGIN	BLOCK	BODY	BUFFER	BUS
CASE	COMPONENT	CONFIGURATION	CONSTANT	DISCONNECT
DOWNTO	ELSE	ELSIF	END	ENTITY
EXIT	FILE	FOR	FUNCTION	GENERATE
GENERIC	**GROUP**	GUARDED	**IF**	**IMPURE**
IN	**INERTIAL**	INOUT	IS	LABEL
LIBRARY	LINKAGE	**LITERAL**	LOOP	MAP
MOD	NAND	NEW	NEXT	NOR
NOT	NULL	OF	ON	OPEN
OR	OTHERS	OUT	PACKAGE	PORT
POSTPONED	PROCEDURE	PROCESS	**PURE**	RANGE
RECORD	REGISTER	**REJECT**	REM	REPORT
RETURN	**ROL**	**ROR**	SELECT	SEVERITY
SIGNAL	**SHARED**	**SLA**	**SLL**	**SRA**
SRL	SUBTYPE	THEN	TO	TRANSPORT
TYPE	**UNAFFECTED**	UNITES	UNTIL	USE
VARIABLE	WAIT	WHEN	WHILE	WITH
XNOR	XOR			

附录 B VHDL 预定义属性

VHDL 规定了许多预定义属性和预定义程序包，任何一种 VHDL 实现方案都必须把它们包括在内。

B.1 类型和子类型的属性

用于定义类型和子类型的属性，如表 B-1 所示。

表 B-1 定义类型和子类型的属性

属性名	描述	示例
T'BASE	返回类型 T 的基类型。只有把它用作另一属性的前缀时才合法	T'BASE'RIGHT
T'LEFT	返回标量类型 T 的左边界	
T'RIGHT	返回标量类型 T 的右边界	
T'HIGH	返回标量类型 T 的上边界	
T'LOW	返回标量类型 T 的下边界	
T'POS(X)	返回参数值在离散类型或物理类型中的位置	
T'VAL(X)	返回离散类型或物理类型中位置 X 处的值	
T'SUCC(X)	返回离散类型或物理类型中参数 X 的后继位置处的值	
T'PRED(X)	返回离散类型或物理类型中参数 X 的前驱位置处的值	
T'LEFTOF(X)	返回离散类型或物理类型中参数 X 左边位置处的值	
T'RIGHTOF(X)	返回离散类型或物理类型中参数 X 右边位置处的值	

B.2 数组的属性

用于定义数组对象或限定性数组子类型的属性如表 B-2 所示。

表 B-2 定义数组对象或限定数组子类型属性

属性名	描述
A'LEFT(N)	可选，默认值为 1。返回数组对象或数组子类型下标为 N 时的左边界
A'RIGHT(N)	可选，默认值为 1。返回数组对象或数组子类型下标为 N 时的右边界
A'HIGH(N)	可选，默认值为 1。返回数组对象或数组子类型下标为 N 时的上边界
A'LOW(N)	可选，默认值为 1。返回数组对象或数组子类型下标为 N 时的下边界

属性名	描述
A'RANGE(N)	可选，默认值为 1。返回数组对象或限定性数组子类型下标为 N 时的范围。若该对象或子类型是递增的，则返回的范围是左边界到右边界；否则返回的范围是左边界下降到（downto）右边界
A'REVERSE_RANGE(N)	可选，默认值为 1。除范围颠倒之外，此属性与 A'RANGE(N) 相同。对于升序，是右边界降至（downto）左边界；对于降序，是右边界至左边界
A'LENGTH(N)	可选，默认值为 1。返回数组对象或限定性数组子类型下标为 N 时的值的个数

B.3 其值为信号值的属性

属性的值是信号值，也就是说每个属性返回的是信号（见表 B-3），它们可以被放入进程的敏感信号表中。

表 B-3 信号值的属性

属性名	描述
S'DELAYED(T)	可选，默认值为 1。定义一个信号，其值是信号 S 延迟 T（时间）后的值。如果 T 的值是 0，则该属性的值等于信号 S 延时后的值（即下一模拟周期的值）
S'STABLE(T)	可选，默认值为 0。定义一个布尔信号，若信号 S 在时间 T 内没有事件（即其值不变）则该信号之值为真；否则为假。若 T 的值是 0，则该属性值在 S 发生变化的模拟周期内为假；然后立即变为真
S'QUIET(T)	可选，默认值为 0。定义一个布尔信号，若信号 S 在时间 T 内没有事项处理（即不活跃），则该信号之值为真；否则为假。若 T 的值是 0，则该属性值在 S 被赋值的模拟周期内为假；然后立即变为真
S'TRANSACTION	定义一个位（Bit）信号，每当信号 S 上有事项处理（即 S 活跃）时，此位信号的值改变一次

B.4 其值与信号有关的属性

属性的值与信号有关（见表 B-4），但不是信号本身。

表 B-4 其值与信号有关的属性

属性名	描述
S'EVENT	若在当前模拟周期内信号 S 上发生了事件（即在此周期内 S 的值发生了变化），则此布尔属性之值为真
S'LAST_EVENT	返回自 S 最近一次发生事件（即 S 最近一次值发生变化）到现在所经历的时间值

属性名	描述
S'ACTIVE	若在当前模拟周期内信号 S 上发生了事项处理（即在此周期内 S 是活跃的），则此布尔属性之值为真
S'LAST_ACTIVE	返回自 S 最近一次事项处理（即 S 最近一次值处于活跃）到现在所经历的时间值
S'LAST_VALUE	返回在 S 最近一次事件之前的值

B.5 为块和设计实体声明的属性

表 B-5 为块和设计实体声明的属性

属性名	描述
B'BEHAVIOR	若块或结构体中没有元件例化语句，则此属性为真
B'STRUCTURE	若块或结构体中的进程语句或等价进程语句都是被动语句（即没有信号赋值语句），则此属性为真

参考文献

[1] 曾繁泰,陈美金著.VHDL 程序设计.清华大学出版社, 2000.

[2] Stefan Sjöholm, Lennart lindh 著.边计年,薛宏熙译.用 VHDL 设计电子线路.清华大学出版社, 2000.

[3] 姜立东等编著.VHDL 语言程序设计及应用.北京邮电大学出版社, 2001.

[4] 蒋璇,臧春华编著.数字系统设计与 PLD 应用技术.电子工业出版社, 2001.

[5] 罗胜钦编著.数字集成系统芯片（SOC）设计.北京希望电子出版社, 2002.

[6] 徐志军,徐光辉编著.CPLD/FPGA 的开发与应用.电子工业出版社, 2002.

[7] 李伟华编著.VLSI 设计基础.电子工业出版社, 2002.

[8] 任艳颖,王彬编著.IC 设计基础.西安电子科技大学出版社, 2003.

[9] 孙肖子,张健康,张犁等编著.专用集成电路设计基础设计基础.西安电子科技大学出版社, 2003.

[10] 段吉海,黄智伟编著.基于 CPLD/FPGA 的数字通信系统建模与设计.电子工业出版社, 2004.

[11] 潘松,黄继业编著.EDA 技术与 VHDL.清华大学出版社, 2005.

[12] 江国强编著.EDA 技术习题与实验.电子工业出版社, 2005.

[13] 刘韬,楼兴华编著.FPGA 数字电子系统。设计与开发实例导航.人民邮电出版社, 2005.

[14] Michael Keating, Pierre Bricaud 著.沈戈,罗昱,张欣等译.片上系统——可重用设计方法学（第三版）电子工业出版社, 2004.

[15] 刘明业主编.数字系统自动设计实用教程.高等教育出版社, 2004.

[16] 杨刚,龙海燕编著.现代电子技术——VHDL 与数字系统设计.电子工业出版社, 2004.

[17] 谭会生,张昌凡编著.EDA 技术及应用.西安电子科技大学出版社, 2004.

[18] 黄仁欣编著.EDA 技术实用教程.清华大学出版社, 2006.

[19] 雷伏容编著.VHDL 电路设计.清华大学出版社, 2006.

[20] 江国强编著.PLD 在电子电路设计中的应用.清华大学出版社, 2007.

[21] 薛宏熙,胡秀珠编著.数字逻辑设计.清华大学出版社, 2008.

[22] 张健,刘桃丽,邓锐等编著.EDA 技术与应用.科学出版社, 2008.

[23] 陈新华主编.EDA 技术与应用.机械工业出版社, 2008.

[24] 江国强等编著.数字系统的 VHDL 设计.机械工业出版社, 2009.